你的心事，食物都知道

U0131584

子系 —— 著
林间 —— 绘

中国轻工业出版社

以"欢喜心"过生活

当收到为这本书作序的邀请时，我的内心是有些期待的，因为听说作者是一对年轻的夫妻，创作形式也比较新颖。

看到内容后第一印象是整体风格很清新，有很多精美的插画，让人忍不住想翻开，细细翻阅后发现这本书的理念和我不谋而合，被林间和子系两个充满热情的年轻人所打动。

在快节奏的生活里，难得还能有作者这样的年轻人，他们用看起来很慢、很笨的方式，把生活还原到需要"等"的状态。

每一种食物，仿佛都被林间的双手赋予了独特的味觉密码，她把食材看成是和自己一样独特的生命，平等地去思考自己与它们之间的关系。书中记录了50个食物心灵主张和50道蔬食料理，坚持天然食物、应时而食的理念，没有浮华的装饰，极尽质朴，令人感受到手作的温度。子系的插画灵动可爱，与文字的配合非常巧妙，这也许就是夫妻俩的默契吧。

作为料理人，双手触碰食物时自身的状态非常重要，内心的清净、柔软和慈悲，是"好吃"的终极秘籍。林间拥有这样一颗柔软的心，让每一种食材，经由她的双手，在人心里闪闪发光。

人们对于味道的记忆远超出想象，每一种食物制作的背后，都隐藏着一段故事，一种心情。

当我们远离外界喧嚣时，其实离生活的本质近了。独处多了，安静多了，在家的时间多了，一日三餐的情味浓了。

四季轮转，我们在食物中，听风的吟唱，闻草木的香，感受光的温度，品尝果子的鲜灵。对春的记忆，是田野中的勃勃生机，大片的野豌豆，浅浅的小紫花，春风一吹，遍地都是。

　　夏天，是清早的一捧溪水，是阳光照拂的果实，是山野、树荫、竹篓、小径，是赤脚踏在细沙上溜溜的痒。人们走出城市，漫游"山野食堂"。远离人群，进山逛夏，山里采回的鲜嫩玉米蒸出喷香的玉米饼，一出锅，满院的香气升腾，身体也被大自然的气息疏通，是滋养生命的底气。

　　秋风至，闲云游，我们也可以静下来闲坐吃茶，犒赏味蕾，等待秋风把金色的心情收割。

　　冬日暮色里的烟火，安抚着呼啸的北风。安静的日常，彼此的温暖，在充满爱意的料理中，寒冬尚未真正到来。萝卜白菜，简单清淡的食材，只需时间与温度的照拂，暖身的爽鲜劲儿就会一股脑儿地融化日子里的消极情绪，光是这热腾腾的香气，就足以点亮万家灯火。

　　日历轻轻翻过，伴随春夏秋冬。

　　愿我们在清澈如水的日子里，继续品尝生活的真味，四季轮转，唯爱不变。

　　希望读到这本书的每个人都能以"欢喜心"过生活，认真做好每一餐饭，照顾好自己和家人。

《四季风物》作者

若愫创始人

梓萱

自　序

在静默中聆听万物

木盘中的橙子和苹果相互依偎，清晨的光线打在上面投下一大片阴影。它们当真静默无言吗？还是在向我诉说些什么？

某个片刻，我好像听懂了它们想要对我说的话。但是那种体验转瞬即逝，后来无论我如何努力还原当时的心境，都无法重新获得。

我渐渐明白，心嘈杂时，就听不到万物的声音了。刻意寻找是徒劳的，一切矫揉造作的行为，都不能称之为真正的聆听。

聆听，不是用耳朵，而要靠心灵。只有当心非常安静时，聆听才有可能发生。

自然界中的蔬果，无时无刻不在与我们沟通——在田野间，在厨房里，在洗菜中，在翻炒时。

每一次，当我们与一蔬一饭面对面，也是在和宇宙间的万物对话。

每棵蔬菜，每个果实，都闪耀出自己独一无二的光芒。每个人的心灵也会发光，绚丽夺目，如夜空中璀璨的星辰。或许正因如此，当人与自然果实相遇时，用心做出的美食才会具有疗愈人心的魔法。饱含爱意的食物，将携带着心灵与自然的全部光芒，照亮他人及世间。

地球在回应太阳，蔬果在回应大地，身体在回应自然，生命在回应宇宙。世界像一个幽深的山谷，万物都在以自己的方式回应着。你听到回声了吗？

谷物、坚果、蔬菜、水果、茶叶、花朵，自然之食教会了我太

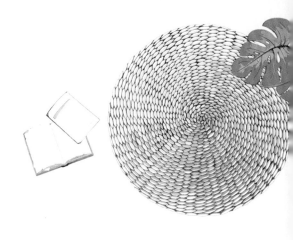

多的事。每一个苹果看起来都那么相似，却又那么不同。一粒种子里，藏着花朵。一粒种子里，也孕育着果实。一粒种子，就是一个小宇宙，充满了无限的生机与可能。食物是我们内心的一面镜子，映射出每时每刻心灵的模样。

当我们慢慢让心沉静下来，怀着爱心，用双手触碰食物，我们会在料理食物时获得身心的放松和滋养。正是带着这样的信念，我开始了静默美好的天然食物之旅。

做饭是一个不可逆的过程。你无法将一锅蔬菜咖喱恢复到土豆和胡萝卜最初的状态。生命也是一场无法回首的旅程，你可以故地重游，但那段时光已然改变。

但幸好一切会变化，这样我们才能懂得珍惜当下的每一个片刻。于是口中的每一粒米都变得香甜，每一餐都化成了祝福。就连平凡的菜食中，也生出了无上微妙的滋味。

希望每一种食材，经由我们的双手，在人心里闪闪发光。愿每一个人都能从天然食物中获得滋养，借由大自然中饱含生机的食物，遇见真实轻盈的自己。

感恩父母及家人对我无私的支持与守护，感恩前辈良师对我的教导与鼓励，感恩此书的编辑及所有团队人员的辛勤付出，感恩生命中遇到的每一个有缘人。

愿这本书可以成为一粒温暖富足的种子，在读者心中开出美丽芬芳的花朵，结出喜乐圆满的果实。

林间

目　录

【关于本书的食谱】
◇ 1小勺固体材料≈5克
◇ 1大勺固体材料≈15克
◇ 1小勺液体材料≈5毫升
◇ 1大勺液体材料≈15毫升
◇ 若无特殊说明，食谱中的糖，可在天然蔗糖、
　红糖、椰子花糖或枫糖浆中任意选择。
◇ 食谱中的盐，为天然海盐或喜马拉雅岩盐。
◇ 食谱中的果醋，使用天然酿造的水果醋（如
　苹果醋等）。

第一章
静下来，
与万物相连

第一章

静下来，与万物相连

用心感知，用心品味。
食物即生命，
而生命本身就是美丽的奇迹。

别忘了，食物也是生命

每当我感到心情低落时，就会跑到厨房看看窗台那些水培的植物。

它们当中有龟背竹、橡皮树、竹芋的枝条，也有迷迭香、薄荷、罗勒这类香草的茎叶，还有生菜、苦苣、白菜、芹菜等蔬菜的根部。只需要一点点水和阳光，它们就会很快地生根，萌发出新叶。

我时常感到这些浸泡在水中的植物教会我的事，比一本书、一所大学还要丰富。

我们享用了太多的果实，却很少有机会参与植物的成长过程。日子久了，便很容易觉得一切都理所应当：土豆就是用来炒尖椒土豆丝的，生菜就是拿来拌沙拉的，迷迭香生来就是被当作香料点缀菜肴的。

可真的是这样吗？一个生命的存在，仅仅是为了让另一个生命食用吗？单单是这样的想法，就不免令人心底冰凉。

在这颗美丽富饶的蓝色星球上，万物相互守护，紧密相连。树木、阳光、雨露、微风、海洋、泥土、蔬菜、果实，它们无一不在默默支持着我们。细胞每分钟都在消亡和再生，成全我们身体的健康。植物奉献出自己全部的生命，给予人能量与滋养。

我常常惊叹于大自然中植物极致的美丽与顽强。

它们从泥土中走来，带着自然界蓬勃的生机。它们从不放弃自己，即使是切下的根部泡在水中也能长叶开花。感谢它们让我领悟到：食物即生命，而生命来自彼此间的成全。

你相信蔬菜被采摘下来运送到厨房后，还可以继续生长吗？或许你可以和我

水培胡萝卜

一样，在厨房见证这一奇迹的发生。

水培绿植的经验，让我了解到植物的根茎具有非常强大的再生能力，甚至有时单独的一片叶子泡在水中也能够生根发芽。

我切下意大利生菜的根部，保留从根往上约三厘米，泡在水里，每天换水观察。第二天，从中心的位置开始抽出新叶。第三天开始，不断有嫩绿的叶子长出来。一周后，它已经从最初光秃秃的菜根长成手指高的迷你生菜了，这让我欣喜若狂。

后来，我又陆续水培了苦苣、小白菜、迷迭香、薄荷、芹菜、圆白菜、胡萝卜和白萝卜。等稍微长大一些后，将幼苗移植到土中，这样有了土壤的养分，它们会长得更强壮。

从这以后，我与大自然蔬果之间的关系有了微妙的变化。它们不再只是维持我健康的食物，而是成全和滋养我的小生命。

我从中看见了希望，也看到了奇迹。

迷迭香田园佛卡夏

　　平时做佛卡夏使用的迷迭香，是我从厨房窗台的盆栽中剪下的。这盆迷迭香是由几根枝条水培生根后移栽到土中的，已经陪伴了我三年。

　　如果你非常喜欢香草的气味，不妨在光线明亮的阳台养上一两盆。用新鲜而非干燥的迷迭香来制作佛卡夏，别有一番风味。当你亲手照料过一盆香草的生长，一定会对生命有新的领悟。

厨房窗台的迷迭香

| 食材 |

A

高筋面粉 100克	水 适量
全麦面粉 100克	盐 3克
酵母粉 3克	初榨橄榄油 少许

其他

小番茄 8个	新鲜迷迭香 1枝
初榨橄榄油 20克	黑胡椒碎 少许
盐 适量	

| 做法 |

1 在容器中倒入A中材料，用刮刀搅拌成非常黏稠的面团。逐量加水，直到面团如图中状态即可。放入密封容器中，在冰箱冷藏8~12小时。

2 取出后，可以看到表面有一层小气泡。拉开面团里面，也已发酵充分。

3 手蘸点儿水，把面团倒在铺有油纸的烤盘上。用手推开铺平。烤箱里放一杯热水，放入烤盘，将面团二次发酵30~40分钟。

4 取出烤盘，烤箱预热至200℃。在面团上倒一些橄榄油，取半碗水，指尖蘸水，轻盈有力地在面团上戳出一些洞洞。

5 面团表面淋少许橄榄油，小番茄对半切开，切面朝上一个个按进面团里。在空隙放入迷迭香，再均匀地撒一些盐和黑胡椒碎。

6 放入烤箱，200℃烘烤30~40分钟，至表面上色即可。

料理 Tips

每次做佛卡夏面包，最开心的步骤就是戳洞洞。随着一个个起伏的洞洞和气泡，心里的阴霾仿佛也被带走了。请面带微笑，双肩下沉，让脖颈优雅地上提。想象自己有一双纤长灵巧的双手，像弹钢琴一样，用指尖轻柔地在面团上方起舞。

倾听食物对你说的话

在深秋有些荒凉的草地上，望着舒缓的山坡和安静的鹿群，我找了一块能看见落日的地方席地而坐。一米之外，有一只母鹿正温柔地注视着我。

动物是十分敏感的，它能感知到你是否怀着善意靠近它。它们处于简单而基本的生活需求层次，只要你不拿食物戏弄它们，也无意危及它们的安全，它们一般不会轻易伤人。

山顶的鹿群虽属野生却很温顺，有的在冥想静坐，有的在登高望远。如果你想和它们待上一小会儿，别吵闹，在一旁静静坐下就好。我和一只小鹿对坐了一个下午，眼神交汇的刹那，竟生出了一种遇见了老朋友般的安心。我们相对无

沉思的鹿

△黑麦薄饼上的面庞　　△奇特的咖啡拉花　　△面包笑脸　　△油饼笑脸

言，望着远方游走的云朵。那一刻，我感到了超越语言的力量。我和它在聆听彼此，用心灵而非言语交流。

　　我们已经忘记聆听自己内心的声音太久，聆听世间万物更像是一个遥远的梦。

　　有时清晨我走在公园里，边走边听，想听一听我的心在说些什么，这让我的生活开启了一个新篇章。我发现，当我可以听一听自己内心的声音时，我便可以尝试着认真倾听其他生命。

　　写作时，我常常感觉写下的文字并非由我创造。我并没有绞尽脑汁去想什么，只是聆听，把它们记录下来，再传递出去，就像一个通道，一个信差。

　　做食物和写作类似，很重要的一部分就是倾听。

　　在厨房的时候，我总觉得面前的食物在向我表达着什么，又或是大自然借由食物在向我诉说着什么。我要做的就是让自己把心敞开，在它们的话语飘过来时，毫不犹豫地接住。

　　有很多次我冲完咖啡，烙完全麦薄饼，或是炸完南瓜油饼后，在它们的表面都会浮现出有趣的"表情"。有时是一张可爱的笑脸，有时是一个淘气的鬼脸。每当这时，我总能忘记烦恼，会心一笑。也许这是食物在用它们特有的方式与我交流，并向我传递欢乐吧。

　　还有时，食物会自然而然地形成一个心的形状。一个个不规则的爱心，让我感受到一丝丝暖意。原来，它们真的是活灵活现的生命，一直和我们在一起。

　　食物由生命构成，而生命本身就是美丽的奇迹。

葡萄干天然酵母

　　用心看，用心听，用心嗅，用心碰触，用心品味，用心感知。你会接收到食物想要传递给你的信息，以及丰盛的爱。

　　每次做天然酵母时，都能切身感受到它们是一个个活着的小生命，野性十足。

　　"嘶嘶嘶""噗噗噗"，清晨拧开瓶盖后，就会听到酵母宝宝用自己的方式在和我交流。每一天，它们都在长大。每一刻，快乐都在发酵。

　　如果是第一次培育天然酵母，推荐从糖分高的葡萄干酵母开始制作，成功率非常高。等熟练后，可以多尝试各种新鲜水果，比如苹果、橙子、梨子等。

| 食材 |

天然葡萄干 40克
过滤水/纯净水 280克

| 做法 |

1 挑选饱满完好的天然原味葡萄干，如果葡萄干表面有沙子，可用过滤水冲洗。玻璃瓶洗净消毒，擦拭干净，确保无水无油。

2 瓶里放入葡萄干和水，拧好盖子，放置于室内温暖的地方，不要阳光直射。温度在28℃左右时，菌种最活跃，发酵也更顺利。

3 从第二天起，每天都要将瓶子上下摇晃几下，然后打开瓶盖排几秒钟气，再将盖子拧好。

4 等葡萄干完全漂浮在最上层，且酵母液产生大量密集的白色气泡时，酵母就做好了。整个发酵过程需要3~7天，气温越高发酵速度越快，盛夏时只需3天酵母就非常活跃了。滤出葡萄干后，酵母液可放冰箱冷藏保存1周。

料理 Tips

用葡萄干酵母烤出的面包，带有水果的香气和天然的野趣。

使用时，取面粉重量25%左右的酵母液，再混合适量温水和面即可。一次发酵需要的时间久一些，放于温暖处大约8小时。

随四季流转

生活在城市中的人，住在高楼里，时常感受不到自然与四季。

下午泡茶时，我抬头望向窗外，被窗框围住的景色只有一小片天空，春夏秋冬，并没有明显的分别。我感觉自己与大自然之间隔了一层玻璃，我们相互能瞥见对方，却无法实实在在地触碰。

当蔬菜没了季节感，食物没了心意，人没了个性，这样的生活将会生出无趣和乏味。

不像与山林为伴的古人，春日里推开窗就与盛开的桃花面对面，秋天走出房门就能看到满地的落叶，便随手拿起扫把轻轻地扫了起来。这是人与大自然多么美妙的交融。我向往着田野间的生活，梦想有一天自己也可以依山而居，过着自给自足的自然生活。

为了在城市中感受四季，每个季节我都会到家附近的公园，清晨慢跑，傍晚散步。我与公园里的花草石溪相互陪伴，走过四季的流转。

春天娇柔绚烂的樱花，夏天碧绿茂盛的荷塘，秋天金色静谧的落叶，冬天清冷肃穆的枯枝……我见过这里的繁盛与寂寥，花开与叶落，生生不息，轮回不止。我能够认出盛夏时节并无花朵的樱花树，以及秋日里光秃秃的腊梅树。

这个小小的公园，为我铺设了一条秘密之径，让我的身心短暂抽离出拥挤的城市，与自然界的万物相连。

曾经我认为，能拥有自主选择权，实现自己梦想中的生活就是自由。但现在发现，原来自己一直误解了自由。真正的自由，不是你可以选择隐居桃源还是住在都市的中心，不是你可以选择去沙滩度假还是去电影院，而是你能喜悦地生活

在公园捡拾的落叶

在任何地方。

当心灵是自由的，你无须做任何选择，因为每一个当下你都能捕捉到它的美好。在无数次的失落与惊喜中，你学会了接纳与臣服。这样的你，才是自由的。

无论在山林赏花，还是在闹市的公园划船，都可以给到你愉悦的体验。无论在农田挖土豆，还是在家里的厨房清洗萝卜上的泥土，都能够让你感受到大地的气息。

对于身处城市的人而言，虽然远离乡村，却能够轻松享用到四季馈赠的食物，这也是一种莫大的抚慰。

春天的野菜，夏天的瓜果，秋天的板栗，冬天的白菜，这些应季果蔬无一不向人类展现着大自然的美丽与丰盛。吃当季的食物时，仿佛自己也吸收了整个季节的精华，令干涸的身心备受滋润。

人与季节，因自然的馈赠而联结。在食物中，品尝天地的生机，也种下了亲近自然的种子。

滇红玫瑰鲜花饼

春三月，是百花争艳的时节，也是万物生发的季节。

到公园里赏花，泡玫瑰花茶，吃鲜花饼，春天的花朵可以唤醒沉睡的身体。让春的气息，一扫冬日的清寂。

做鲜花饼需使用生态种植的可食用玫瑰花。比起墨红玫瑰，我更偏爱用滇红玫瑰来制作。花瓣芬芳扑鼻，即使不做成玫瑰花酱，用鲜花直接做馅也不会有涩口的感觉。使用植物油开酥，口感清爽，衬得花香更加甜美。

| 食材 | （可制作约6个）

A

滇红玫瑰鲜花瓣 90克

红糖粉 35克

黄冰糖粉 35克

枫糖浆 1大勺

鲜柠檬汁 少许

低筋面粉 45克

B

中筋面粉 80克

开水 45克

黄冰糖粉 3克

麦芽糖 2克

葡萄籽油 15克

C

中筋面粉 53克

葡萄籽油 25克

其他

糖水 适量

黑芝麻 适量

| 做法 |

1 将A中的低筋面粉放在锅中，小火翻炒至乳黄色，放一旁备用。

2 分步骤处理A中食材。用流动的清水快速冲洗玫瑰花瓣，摊开在阴凉处彻底晾干。在盆中放入花瓣、红糖粉和黄冰糖粉，用双手轻轻揉搓几下，静置30分钟，让糖与花瓣融合。

3 继续揉搓，直至非常黏稠。加入鲜柠檬汁、枫糖浆和熟低筋面粉，混合均匀，揉成一个个圆球。

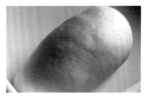

4 将B中材料混合，揉成光滑的水油皮面团；将C中材料混合揉成油酥面团，放在密封盒中醒1小时。

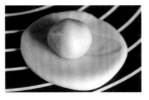

5 将面团等分成一个个小剂子，将水油皮面团擀成饼皮，包入油酥面团，把封口处捏紧。

6 用擀面杖擀开，卷起，松弛15分钟，上面覆盖拧干的棉纱布或倒扣保鲜盒，以防水分流失。然后再擀开，卷起。

7 从两边往中心处压，擀成圆形。

8 将圆球状的玫瑰馅包裹在面皮中，慢慢用虎口往上推，收紧口。收口朝下，轻轻擀扁一些。

9 将鲜花饼放在铺有油纸的烤盘上，可刷一层糖水帮助上色，撒黑芝麻点缀。放入预热至170℃的烤箱内，烘烤约35分钟，取出放凉即可。

料理 Tips

若购买的是免洗花瓣，则可直接使用。揉搓花瓣时，动作一定要轻柔，成团即可，不要压实。太用力或揉搓太久，会释放出苦涩味。

顺应内在的节律

四季更迭，大自然始终那样淡定自若，以自己的步调悠然地运转。

如果你曾在春夏秋冬走进同一个公园，就会发现大自然没有空档。春天牡丹绽放，夏天紫阳花盛开，秋天落叶起舞，冬天松柏常青。花草树木交相呼应，共同演奏着一曲灿烂和谐的交响乐。

一切都是刚刚好，万物自有它的时间。

《黄帝内经》言："人与天地相参也，与日月相应也。"古老的东方智慧认为，天人合一，人与自然密不可分。昼夜、四季、节气、月相等大自然的变化，也是在提醒我们要关注自己内在的变化。

在每一个人的身体里，都有一个看不见的时钟。西方科学家称之为生物钟，或日变节律。它是人体的罗盘导航，智慧具足。身体内在的时钟，其实就是自然的规律，它们相互映照。

观察和感知自然界的变化，可以帮助我们逐渐感到自身的律动。而当我们慢慢找到自己生命的节奏时，就能够与自然同频，更加轻松健康地生活。

每个人适合的饮食方式不同，所需的食物也不同。这取决于很多因素，身心灵各层面都会参与其中。适合别人的，不一定适合你。什么样的食物适合你，身体自会告诉你答案。

在寻找内在节律的旅程中，询问和倾听自己的身体至关重要。

向阳生长的向日葵

　　每一天都尝试着与身体对话，问一问它，哪些食物吃完以后觉得活力满满，哪些却感到昏沉疲惫。随着反复觉察，答案会渐渐浮现出来。这可能需要花上很长一段时间，但它是值得的。

　　当你安静下来，把焦点从外在拉回到自身时，你可以实实在在地感觉到身体的各个部分。此时胃部是否感觉舒适，肩膀有没有绷紧，呼吸是不是深长。感知身体的过程，也是与之建立连接的过程。它会告诉你它喜欢什么，或不喜欢什么。

　　我们要对身体负起百分之百的责任。把身体交还给自己，而非医院和大夫。

　　人身难得，身体是与我们相伴一生的朋友，在生命的长河中默然守护，不离不弃。选择健康的饮食方式，吃适合自己的食物，照顾好此生宝贵的身体，将其视作美丽的珠宝，陪我们体验生命中的种种美好。

黑三宝豆乳

春生夏长，秋收冬藏，四季的更迭与人体的节律相互映照。

入冬后，万物养精蓄锐，以待春天更好地生发。冬日益肾养发正当时，中医认为黑色的食物可以补肾，如黑芝麻、黑豆、黑米、黑桑葚、黑小米等，都非常适合加入冬天的饮食中。

将黑三宝谷物小火慢炒，磨粉装瓶，配以香浓的豆乳，作为早餐暖身又滋补。

料理 Tips

中医讲，咸味入肾。冲泡黑三宝谷物粉时，加一小撮盐，可以将营养更好地引入肾经。推荐添加天然岩盐或海盐，味道柔和，营养更丰富。

| 食材 |

黑芝麻 80克　　　　　水 适量

黑豆 80克　　　　　　盐 一小撮

黑米 80克　　　　　　红糖 少许

纯豆浆粉 2大勺

| 做法 |

1 将黑芝麻、黑豆和黑米洗净，控干水分，放在滤网中晾干。

2 平底锅预热，倒入黑芝麻，先用中火翻炒，芝麻受热均匀后转小火继续翻炒，闻到香味后再炒一小会儿。当黑芝麻变鼓，尝起来有浓郁的芝麻香时快速离火。

3 黑豆倒入锅中，中小火翻炒，炒到外皮爆开露出绿色时即可出锅。

4 黑米倒入锅中，先用中火翻炒1分钟左右，转小火继续炒。闻到香味后，等个别黑米表皮开始爆开即可离火。

5 待炒完的黑芝麻、黑豆和黑米冷却后，就可以磨粉¹了。将三种谷物粉放在盆中混合均匀，即成黑三宝粉，倒入干净的玻璃瓶中，密封放于冰箱冷藏保存。

6 在杯中放入纯豆浆粉，先倒入一点凉白开充分调匀。加入少许黑三宝粉、红糖和盐，缓慢倒入开水，用勺子搅拌均匀即可享用。

---

1 可以用专门磨五谷杂粮粉的小型磨粉机打粉。如果没有，也可以用破壁机临时替代一下，但是黑豆和黑米比较硬，会缩短破壁机的寿命。

静下来，潜入心灵深处

阳台的碗莲，
水面如镜。

外面飘着小雪，我盘坐在阳台的琴叶榕旁闭上双眼。

冥想的过程，就像看着一杯混浊的水慢慢变得清澈。躁动不安的心好比不再清亮的水，混杂各种有如泥沙的念头。在安静与专注中，你看见水中的杂质上下翻动、左右游走，而你只是静静地看着。慢慢地，大的沙粒先沉入杯底，接着细小的沙尘也缓缓沉淀，而你依然静静地望着。终于，风平浪静，杯中的水澄澈明亮。此时，你的心也变得爽朗清明。

冥想时，我们与内在最纯净的意识相连。

然而，不是只有盘膝而坐才叫冥想。冥想不一定非要与宗教关联，甚至不拘泥于固定形式，它可以贯穿你从清晨到夜晚的生活。

当你起床时，在市场买菜时，在厨房做饭时，傍晚散步时，都可以带着宁静的心活在那一刻。如果可以的话，让冥想变成你的生活。当然对于尚未觉悟的我们而言，或许需要漫长的一生来修习。但这对于内心是一种很好的锻炼，让我们找到专注而放松的感觉，并运用到日常的工作生活中。

每当感到创意受阻，或者面对一道菜总也做不出心中想要的味道时，我就会先停下来，闭上眼睛做几次深长的呼吸，尝试让自己的内心归于平静。

坐在头脑的岸边，我看着一个又一个念头从水上漂过。琐事的烦忧，内心的纠结，抉择的迷茫，都化为一圈圈发光的涟漪，层层推向远方。而我只是注视着它们，默不作声。做一个安静的旁观者，就像在聆听玉米粒在锅中依次爆开，或是观察白色的气泡从汤底涌出。

当我深深地潜入心底时，大脑变得静谧，身心都柔软放松了下来。灵感与启发，仿佛悄然降临。

慢发酵酸豆角

静候二十一天，等待一瓶酸豆角缓慢地发酵完成。

天然的慢发酵，教会我保持沉静，耐心等待，心怀期盼。起初，心急得像煮沸的汤水。几天后，好似有一把细密的滤勺，正沿着锅边，慢慢地撇去浮沫。当内心的湖面不起涟漪时，二十一天到了，一切都刚刚好。

豇豆 一把
盐 2小勺
花椒 8粒
水 适量

| 做法 |

1 豇豆洗净沥干，用厨房纸完全擦干。

2 在小锅中放入水、盐和花椒，煮开，放凉。盐越少，做出的豆角越酸，可以自己掌握盐的用量。

3 取一个无水无油的干净玻璃罐，将豇豆切成适合放入的长度，竖着放入罐子里，倒入步骤2的花椒盐水，水要完全没过豇豆。

4 玻璃罐先在室温下放置两三天，每天都要打开瓶盖排气，再拧好。之后放在冰箱冷藏发酵，直至二十一天即可开封。

5 发酵好的酸豆角切成碎末，可炒菜用，或用油、干辣椒和酱油炒一下，浇在米粉上吃，酸爽开胃。

料理 Tips

腌制食品中的亚硝酸盐含量在一周左右最高，经过二十一天充足的自然发酵，亚硝酸盐已回落到极低的水平，吃起来更安心。

接纳食物本来的样子

雨下了一整夜。天蒙蒙亮，我坐在宏村客栈的阳台等雨停。雨来得很急，但是细细的，绵绵的，没有声音。

一阵风吹来，雨滴从木窗栅的缝隙里"钻"了进来，落在我的手背上，清凉温柔。我和雨相对无言。

我呆呆地望着湿漉漉的石板路，本想一早出发去竹海，这雨下得令人措手不及。原本的计划被打乱，可又能怎样呢？此时，雨水这么美好，我怎么忍心怪它。

你责怪太阳把大地炙烤，你责怪海洋把渔船吞没，你责怪天气打扰了行程。但谁又能说清，到底是谁打扰了谁。

雨越下越大了。

如果仔细去听，它有着自己的音律节奏。疏密有致，大小错落，时强时弱，像是在为你演奏一首清凉又欢快的乐曲。大自然的声音，是最美妙的纯音乐。

从什么时候开始，我们无法接受自己的失败，无法接受他人的个性，甚至责怪天气和食物。

雨雪风沙，这些再自然不过的天气变化对我们来说都是一种负面的干扰。苦瓜的清苦，西柚的酸涩，胡萝卜独特的香气，甜菜根混合了泥土的甜味，许多食物独一无二的味道都会让人眉头皱起，急着想要去躲避或掩盖。

掩盖意味着排斥，而排斥使你不给自己机会去亲近它。如此一来，当然更不要说能喜欢它、欣赏它了。

你不喜欢脸上突然冒出的痘痘，也讨厌凹凸不平的苹果。你不知如何面对生

宏村等雨停

活中的难题，也厌恶苦涩的苦瓜。你对自己非常严苛，也不喜欢长得随性散漫的尖椒。

只有当你试着接纳自己，你才会真正开始接纳别人，接纳这个世界上林林总总的存在，包括你手中的蔬菜和水果。或许你不喜欢它的气味，甚至不能理解它的存在，但是你可以尊重它，并尝试接纳它。

那是你与食物和解的过程，也是一个直面自己的旅程。

慢慢地，我发现，当我开始接纳手中的食材，它们也张开双臂温柔地拥抱我。当我不再费尽心思改变食材的时候，我感到如释重负。苦，就让它苦得透彻。辣，就让它辣得爽快。甜，就让它甜到心底。酸，就让它酸到清醒。

做饭，不是用一种食材去掩盖另一种食材的过程。

料理应该了解并顺应每一种食材的特点，让它们相得益彰，就像乐团的指挥，做着分配与调和，看似简单实则伟大的工作。

下一次，再碰到你从小就不爱吃的蔬菜水果，试着放下固有印象，去细细品尝。就像从来没有见过它，第一次尝到那样。也许有一天，你惊奇地发现自己开始喜欢上了它独特的气味。

盐焗翡翠果

云南腾冲的银杏果，果肉如翡翠一般，翠绿油润。

盐焗银杏果在日本很受欢迎，被称为"大人的味道"。或许是因为只有成人才可以吃，又或许只有成人才能够懂得它略带清苦的滋味吧！

热乎乎的银杏果里五味杂陈。有清甜，有咸涩，有微苦，有柔滑，有韧性，有软糯。若是少了苦涩的味道，也就失去了它清远的气质。越嚼越香，不妨细细品味。

| 食材 |

银杏果 12颗
盐 一小撮
水 1碗

| 做法 |

1 烤箱预热至200℃。在银杏果大头的一端，用坚果钳夹开一个小口。

2 放在清水中浸泡15分钟。银杏果的毒性可溶于水，浸泡可以去除部分毒性。

3 剪一块锡纸，四角捏起折成小盒，尺寸刚好可以放下果子即可。

4 在锡纸盒中放入沥干水的银杏果，撒盐，让盐粒均匀包裹住每颗果子。

5 放入烤箱中，上下火烘烤20分钟，趁热吃口感更好。

料理 Tips

银杏果虽然健康营养，却有微微的毒性，不可过量食用。成人每日吃熟果七八颗即可，小孩子最好不要食用。

量彼来处

在汉地，寺院的斋堂又被称为"五观堂"。用餐之前，僧众会依据佛陀的教诫对饭食作五种观想：

一、计功多少，量彼来处
二、忖己德行，全缺应供
三、防心离过，贪等为宗
四、正事良药，为疗形枯
五、为成道业，应受此食

食存五观，第一观就是提醒我们首先要思考餐食的来处。

眼前的这一餐来自何处？在进食前，我们应当问一问自己。

我们口中的食物来源于自然，大自然孕育了世上千姿百态的生命，人类只是无量众生中的一部分。我们购买的蔬菜水果，来自农夫辛勤的耕种和养护。餐桌上的菜肴，来自厨师精心的烹调，其中包含了他们的辛劳和心意。

如果细问每一餐的来处，便知食物来之不易，不由心存感激。

生命是需要静静品味的，正如食物需要细细品尝。狼吞虎咽使我们错过了许多珍贵的片刻，吃饭时，需留心自己的身、口、意。

进食时的身体、言语和心念非常重要，不仅决定着用餐体验的好坏，还会影响我们获得食物滋养的程度。比如，持筷时的坐姿是否端正优雅？有没有边吃边聊天？有没有细细咀嚼口中的饭菜？又是怀着怎样的心态在用餐？

每一餐都需用心品味

　　记得小时候一家人围坐在餐桌旁，等奶奶或姥姥做完饭出来之后，所有人才能动筷。"这个黄瓜真脆呀！""今天的番茄味道特别浓！""拉面好筋道啊！"全家人一边对菜肴赞不绝口，一边认真品味着。现在回想起来，仍对祖孙三代在饭桌上其乐融融的场景怀念不已。

　　在现今快节奏的生活中，人们与餐食间的关系变得疏远起来。一起吃饭时，好像饭菜的滋味远没有大家讨论的话题重要。在餐桌上，大家闲聊、争论、吵架甚至是开会。菜肴的光芒逐渐暗淡下来，变成一张褪了色的背景布。

　　惜物，即惜人，更是惜福。好好吃饭，用心品味，既是对食物的珍惜，也是对料理人的尊重，更是对生命的敬意。

　　只有切实认识到每一顿饭的来处，才会发自内心地对面前的菜食心怀感激。只有念念清明，心系当下，用心品尝每一粒米，才能真正体味到这一餐的美好，不愧于饱含着生机的自然之食。

　　借由吃饭这件看似寻常的小事，我们获取能量让生命得以延续。也是通过每一餐的美食，使我们的身心始终能够与大地相连。

甜玉米炊饭

　　盛夏时节的玉米脆甜多汁，无论是蒸煮完直接啃着吃，还是用玉米粒来炒饭，都令人回味无穷。

　　甜玉米炊饭的灵魂，隐藏在最后放入的那根光秃秃的玉米芯里。玉米芯中残留着玉米胚芽的甜味和精华，随着加热缓慢渗透到米饭中，使玉米饭吃起来更清香营养。

　　每一根玉米，每一粒米饭，都是大自然送给我们的礼物。品尝玉米饭之前，让我们双手合十，感恩这一餐背后所有生命的付出，以欢喜之心静静品味它的美。

| 食材 |

甜玉米 1根

盐 一小撮

椰子油 1小勺

大米 1碗

水 适量

| 做法 |

1 米淘好后，放入碗中，加入没过米粒一个手指关节高度的水，浸泡30分钟。

2 甜玉米洗净，用刀从中一切两半。将玉米段立起来，贴着玉米芯切下玉米粒。

3 将泡好的米和水一同倒入煮饭锅中，放入玉米粒铺平，撒一小撮盐，放1小勺椰子油，把玉米芯摆在最上面，开始煮饭。

4 饭煮好后，关火闷10分钟后再打开，取出玉米芯。

5 用饭铲从下往上将玉米饭翻松即可。

料理 Tips

如果甜玉米非常新鲜，玉米皮里会有很多顺滑柔软的玉米须。煮饭时，将玉米须与玉米芯一同放进锅中，可以让饭吸收到一根玉米较为全面的营养。

在体验中与万物共生

最近开始用亚麻滤布替代滤纸冲咖啡，体验比预想的还要美妙。

亚麻非常天然环保，有特殊的纤维纹理，可以过滤掉烟味及焦涩感，冲出的咖啡口感很纯净。而且渗透性很好，手冲时水流速度流畅稳定，完全不用担心堵塞的问题。清洗起来也容易，用水搓几下就干净了，然后悬挂在通风处晾干即可。

随着时间的推移，亚麻上会留下咖啡的颜色，越来越深，就像养茶巾一样。这就是最天然的咖啡植物染吧！无须刻意用咖啡液去浸染一块布，只是在使用过程中慢慢留下印记。渐渐地，它开始变得浓郁深厚，带着使用者特有的气息。

亚麻滤布

很多事，不一定非要等到想得尽善尽美时才去做。

其实很早就知道了亚麻滤布，但因为没有用过而想得太多，迟迟没有选择它。亚麻布会不会容易堵塞呢？会不会不好清洗？冲出来的咖啡风味会不会受影响？诸如此类，在头脑中预先设置了许多问题。

有时候，问题是一种阻碍。这些头脑的把戏非但不会帮你走得更好和更远，反倒有可能让你连第一步都无法迈出。

手烘咖啡豆

最初在家手摇烘咖啡豆之前也是如此。问题一个个地跳出来，让我几度想要放弃。"很少有人自己在家烘豆子，都是买烘好的吧？""会不会冲出来很难喝？"

终于有一天，我想要和头脑中的这些问题和解。

"就算你说的这些问题都存在，就算结果不理想，那又怎样呢？我想亲自试一试，得出自己的答案。谢谢你的质疑，但请你给我选择的自由吧！"我默默地对头脑中的声音说。从那天起，我们开始挑选喜欢的生豆在家烘焙。

想太多，会落入小我的陷阱中。很容易让自己陷入怀疑、焦虑等负面频率中，止步不前。

生命需要的是全然的体验。在体验中，我们得以了解自然。在深刻的了解中，我们开始将自己融入万物中，从而发现心之所向。

当你遇到想尝试的事情却一直不敢向前时，当你面临选择正在犹豫不决时，当你周围有太多的声音说你不可以这样做时，不妨对头脑中的自己以及身边的人勇敢地说："无论如何，我都想要亲自试一试，得出自己的答案。谢谢你们的关心，但请给我自由吧！"

愿你在体验中，与万物共同生长。

鹰嘴豆味噌

当北方的风雪如期而至，就又到了做味噌的时候。尝试亲手制作味噌，已有三个年头。

第一年是用黄豆做的米味噌，米曲是购买的。第二年突发奇想换成了用鹰嘴豆制作，盐全部使用喜马拉雅岩盐。第三年连米曲也开始用有机胚芽米自己制作，虽然费时费力，但成就感十足。

手作的味噌，保留了细碎的颗粒感。做好的味噌汤香气迷人，味道醇厚，鲜美无比。喝过之后，会一直记得和想念它的滋味。

第四年的手作味噌会有什么新的改良呢？我内心也翘首期盼着。

| 食材 |

鹰嘴豆 500克　　　米曲 500克　　　盐 200克

| 做法 |

1 鹰嘴豆洗净后，提前用清水泡发一夜。鹰嘴豆吸水量大，水量需没过豆子一半以上。

2 将泡好的豆子沥干，放在笼屉上蒸熟。蒸至可以用手指碾碎即可，取出放凉。

3 在大盆中放入米曲和盐，充分混合均匀。

4 将蒸好的鹰嘴豆放入搅拌器中打碎，或者放入保鲜袋中用擀面杖碾碎。如果喜欢细腻的味噌，就碾得碎一些。

5 将步骤4的材料倒入步骤3的盆中，混合均匀。如果豆泥变得过硬，可以加入适量温水软化。

6 用手团成圆球，团的时候要用力压实，再将味噌球紧挨着码放在已消毒的干净容器中。

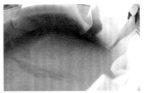

7 放好一层味噌球后，用手或工具使劲挤压平整，最大限度地排出空气。

8 重复几次步骤6~7，待最上层空气也彻底排出后，加盖保鲜膜或油纸。[1]

9 压上重物，在容器外再套一个纸袋，放在家中阴暗处静置一年，即可发酵熟成。[2]

料理 Tips

发酵好的味噌需放在冰箱冷藏保存，每次挖取时务必使用无水无油的干净勺子，以免使味噌变质。

---

1 一次性做大量味噌时，装味噌的容器底部通常会比较大，也比较高。味噌发酵时，需要隔绝空气，所以豆泥需要压得非常紧实。
　如果直接把松散的豆泥直接放到容器里压，很难确保一大桶豆泥里面的空气都能排干净。所以先用力团成圆球，这一步就先做了一次排气，然后再把一个个圆球放一层，使劲压平，这是第二次排气。之后再重复几次，一层一层圆球这样叠上去，在每一次上层圆球压实的同时，下面的豆泥再次被压紧排气一次。这样能够尽量确保最后豆泥内的空气被排干净。

2 若在冬季制作，夏末时可取出，用干净的铲子从下到上翻拌一下，再压实放回原处，可以使它发酵得更充分。

三世茶生

　　壶里正煮着三十年的老岩茶，汤色如琥珀，茶光澄澈如镜。

　　老茶的珍贵，在深沉的茶香，在醇厚的汤感，在绵长的茶气，在岁月的沉淀。它的沉淀、收敛、转化和奉献，正如一场修行，将自己化为陈茶奉献给世间。

　　茶向我们展现的是它整个的生命。此刻的茶，携带着过去及未来。

　　佛说三世因果，过去、现在和未来。此时品味的茶，也是如此吧。不同人看待一杯茶有不同的感受，然而每个人都会看到他想看到的东西。每一刻的认知，都携带着过去的记忆和对未来的期许。

　　茶叶与厨房中的时蔬鲜果一样，都是流淌的生命，向人类诉说着大地和阳光的故事。我尝试着以全新的视角去看待周遭的一切，把它们都看作是大自然的一部分，以生命对生命。

　　我们总忘记：自然界中的万物皆生命。如果仅仅把茶看作是饮品、加工品或商品，就会忽略它的本质。

　　茶，每一刻都在呼吸和变化。手中的茶，在这里也只是一个中转和停留。

　　过去，它在山林生长，被茶师加工。现在，它被品尝，进入到你的身体。未来，它将得到转化，成为你的一部分。循环往复，完成着生命的周期与轮回。

　　我们冲泡的茶，实际上是一片片的树叶。叶子被采于树木，树

一期一会的老茶

木深深地扎根于大地，同时蒙受阳光雨露的恩泽。有时，我们在一杯茶里可以喝出风土的味道，感知到那棵茶树生长环境的风韵。竹林、云雾、大海、阳光，甚至茶农的汗水，在一杯茶里都真实地存在。

我们有时会感叹人与人之间的一期一会，却时常忽略人与食物间亦是如此。

你有想过，此刻炒的这盘菜与你也是一期一会吗？

这盘菜，你一生只会做这一次。这棵蔬菜，你一生只会遇到它一次。它的消逝，是因为你。它为你而来，把自己的生命赋予了你，化作了你身体的一部分。想到这里，突然对厨房的一切肃然起敬。

这样想来，做菜并不是一件随意的事情。它是生命的交付，是能量的交换，是爱的表达。

时节的馈赠，转瞬即逝。再香醇的一杯茶，也无法留住它。再美味的食物，也无法保存它。再美丽的生命，也无法令其永驻。也正因为它会消逝，我们才会怀念，才懂得日后遇到类似情形要珍惜。

也许，这正是一期一会的哀伤与美丽。我希望如老茶一般，将生命的苦涩转换为甘甜，将苦难转化为醇厚。

桐木关野茶酥饼

桐木关野茶，是我平日里特别喜欢喝的一款红茶。茶汤在口中，蜜香甜滑，枞韵十足。

加入了茶粉的饼干，香气十分典雅。烘烤的时候，整个厨房都是甜蜜的茶香，回味无穷。野茶赋予了这款点心无与伦比的优雅和美丽，让我多了一种美妙的方式与茶相会。

| 食材 |

低筋面粉 100克
巴旦木粉 20克
桐木关野茶 5克
红糖 10克
盐 一小撮
葡萄籽油 3大勺
椰奶/豆奶 30克

| 做法 |

1 烤箱预热至170℃。茶叶放在磨粉机里打碎成粉。

2 在料理盆中倒入低筋面粉、巴旦木粉、红糖、盐和步骤1的茶粉，混合均匀。

3 加入葡萄籽油，用双手像淘米般快速轻柔地搓，重复若干次，直到盆里的粉类材料成为蓬松的絮状。

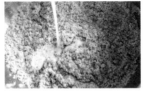

4 缓慢地转圈淋入椰奶或豆奶，一点点地加，不同面粉吸水性不同，需一点点调整水量，直到搅拌成团。

5 用手整理一下面团，不要像揉面一样用力反复压，会使饼干发硬。

6 面团的上下均铺好油纸，擀成厚度均匀的薄片。

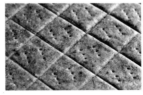

7 用刮板分割出痕迹，用叉子扎一些小孔。

8 放入烤箱，170℃烤约30分钟，取出后放在烤盘上冷却，沿着划痕掰成小块即可。

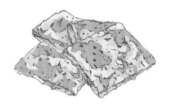

料理 Tips

加入了巴旦木粉的饼干，吃起来特别酥松，完全没有干硬的感觉。坚果的香味和油脂包裹着红茶碎，吃上一块就觉得特别满足。

仿佛若有光

心静下来的时候，看见周边的一切都在发光。

果篮中的西柚被橘粉色的柔光围绕，瓷碗中的清水泛出银白色的光泽，竹芋的叶子闪着嫩绿色的光，梅子醋玻璃罐内琥珀色的光芒映在墙上。

原来，万物时时刻刻都在闪耀，只不过人们时常忽视。

早晨九点钟，窗边温柔的一束光，打在烤箱中正在烘烤的比萨上。美丽的光影，交错的明暗，小番茄块和卷心菜丝被映衬得柔美又带着一丝神秘，像森林深处的古堡中照进一缕阳光。

我不禁感慨：这真是个美丽的意外。

买给父母的新烤箱内部没有灯，是选购时我疏忽了，于是一直有些懊恼，可刚刚的一束光猛然叫醒了我。

正因为烤箱里是黑暗的，才能够看见清晨太阳投下的光芒。

比萨上的那束光

难道自然的光线不比内置电灯更令人愉悦吗？这一瞬间，心里的不快一下子释然了。

"林尽水源，便得一山，山有小口，仿佛若有光。"陶渊明在《桃花源记》中写道。借由"小口"，武陵人窥见了继续前行的希望。顺着那小小的洞口望去，如梦似幻的光明之地，在朦胧的光线中若隐若现。

若没有透过小口隐约看见幽微的光亮，武陵人会不会渐渐沮丧，失去耐心，放弃找寻而返回呢？这样一来，他不但与之后的"豁然开朗"错过，或许连最初"忽逢桃花林"的喜悦都遗失了。

一切不得而知，只是臆想罢了。但我知道，如果没有蔬菜比萨上的那一小束明亮的光，我会对自己购买烤箱时的失误久久不能释怀吧。感谢五颜六色的蔬菜与具足天地祝福的阳光协作，用光唤醒了我。从那之后，我开始有意识地在厨房中寻找光明，在生活的点滴中寻觅惊喜。

当光照进来，黑暗将不复存在。当心打开，失误仿佛都变得可以被原谅。当你静心留意生活的细微之处，欢喜定会由心而生。

西梅果酱

咬上一口甜蜜爆汁的新疆西梅，早秋的时光好像都变得清甜柔美起来。

新鲜的西梅富含膳食纤维，排毒效果特别好。但是切莫贪嘴，一次吃上几颗就好。吃不完的西梅怎么办呢？熬成酸酸甜甜的果酱再适合不过了。

果酱快熬好之前，表面会泛起光亮，如同波光粼粼的湖面。早餐时取一勺，涂抹在原味面包上，果香馥郁，隐约透着一丝花香和蜜香，满满是阳光的味道。

你的心事食物都知道

| 食材 |

新鲜西梅 500克
黄冰糖 120克
柠檬汁 2小勺
水 120克

| 做法 |

1 新鲜西梅洗净，对半切开去核，将果肉切成小块，放入大盆中。

2 倒入黄冰糖，翻拌均匀，室温静置2～4小时，或者冰箱冷藏一夜，让其充分融合出汁。

3 待果肉渗出大量汤汁，倒入水即可上火熬煮。

4 中火煮开，转中小火继续熬煮，其间需不时地搅拌，并撇去表层白色的浮沫。

5 最后加入柠檬汁继续熬煮，直到果肉变少变小，酱体黏稠，果酱的颜色变得越来越漂亮，即可关火。可保留一些果肉不必煮烂，吃起来口感更立体。趁热倒入已消毒的玻璃瓶中，拧紧瓶盖，倒扣静置1天。之后放冰箱冷藏，可保存约2周。

料理 Tips

每年八月，是新疆法兰西西梅的成熟期。独特的地理环境和气候因素使这里的西梅甜蜜多汁，完全没有酸涩感。用它来熬酱，冰糖的用量可以比平时少一些。

第二章
从天然食物中获得滋养

当季的新鲜蔬果里，
饱含了大自然的生机。
品尝食物的原味，
遇见更轻盈的自己。

吃真正的食物

印度灵性导师艾内斯·艾斯华伦在《沉思课》一书中讲过一个苏菲派哲人的比喻。伊斯兰教苏菲派的哲人建议人们，语言需要通过三道大门后再说出来。

在第一道门口，我们要问自己："这些话都是真的吗？"如果是，则通过；如果不是，就退回原处。在第二道门口，问自己："它们是友善的吗？"在第三道门口，再次问自己："它们是必要的吗？"

食物和语言一样，都具有非常强大的能量。对于吃进去的食物，我们也应该保持这样的觉知。吃进身体里的食物应当和说出去的话一样：真实、友善和必要。只有这样的食物才能称之为"真正的食物"。

真正的食物，首先应是真实的食物。

它们真实地存在于大自然中，比如天然的蔬果、坚果、谷物等。这与人工合成的加工食品不同，天然新鲜的食物具有无可比拟的生机和能量。它们如充满灵气的精灵一般，为我们的身心注入活力。

真正的食物，也应是友善的食物，是人与自然和谐共处的一环。

它们滋养我们的身体和心灵，同时利于地球生态环境的可持续发展。友善的食物采用自然农法或按照现代有机标准种植，不将农

天然的坚果

药、化肥和除草剂等化学试剂带入空气、土壤、水源和农作物中，不会伤及人类和地球。

除此之外，还有一点需要去觉察。有些食物真实且友善，但并不代表我们一定要食用。

真正的食物还应该是必要的，符合此时此刻身体的需要。再健康的天然坚果，如果吃饱饭后一把又一把地吃，不但会给肠胃造成负担，还会让人发胖。我们要在实践中找到自己的一个舒适点，每个人都不一样，只有自己才能清楚地把握。

必要的量，是不多也不少，刚刚好。必要的选择，是不追赶潮流也不固执己见，始终顺应当下的自己。

下一次吃东西之前，不妨询问一下自己这三句话："这是真实的食物吗？它们是友善的吗？这些是我的身体此时必需的吗？"

在不断的鉴别与审视中，我们将逐渐学会聆听身体，而不是头脑的谎言。我们将获得日渐敏锐的觉察力，吃那些对自身有益处的食物。过去被当作心灵安慰剂的油炸食品、奶油甜点以及膨化零食，不再那么吸引人，取而代之的是新鲜蔬果、健康坚果和无添加的手工自制甜品。

黄芥末沙拉酱汁

市售的沙拉酱汁中，有许多化学合成调味剂和添加剂。望着货架上一排排陌生的配料表，我感觉瓶子里的酱汁与大自然相距甚远。

其实，当我们掌握方法后，利用新鲜的食材、天然纯净的调料，花几分钟的时间就可以在家调出健康美味的沙拉酱汁。

闲暇的时候，在厨房安静地准备食材，发挥内在的创意，调配出一碗自己的专属酱汁。在这个过程中，你将收获到极大的满足感，离真正的食物又近了一步。

料理 Tips

迷你搅拌器是调配沙拉酱汁的好帮手，可以使液体和油脂充分地乳化。这一步非常关键，这样顺滑黏稠的酱汁才能很好地包裹住沙拉菜。

| 食材 |

法式粗粒黄芥末酱 1小勺
岩盐/海盐 适量
营养酵母粉 少许
黑醋/果醋 1/2大勺
初榨橄榄油 2大勺
葡萄籽油 1大勺
枫糖浆 1小勺

| 做法 |

1 在小碗中，依次放入黄芥末酱、盐、营养酵母粉、醋、油和枫糖浆。

2 用迷你搅拌器顺着一个方向，快速搅打，使水油充分乳化。或者放入容量小一些的密封瓶中，拧紧盖子，快速上下摇晃促使乳化。

3 乳化好的酱汁，质地柔滑黏稠。这时就可以淋在准备好的沙拉菜上了。

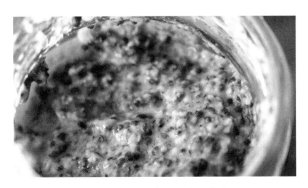

粗粒的黄芥末酱，层次更丰富

单纯之味

有时不免感慨，现在想在外面吃一餐干净单纯的饭菜太不易了。

随着技术的进步，五花八门的烹饪调料品层出不穷。很多餐厅把大部分精力花在调味上，想提鲜就加蚝油或豉汁鱼露，想让青菜炒得好吃就放味精或鸡精。许多家庭的冰箱和橱柜里，也摆满了工业流水线生产的合成酱料。

我询问过身边炒菜喜欢放味精、鸡精和蚝油的亲友，如果不放可不可以呢？他们大多数都回答也不是不行，只是习惯了，而且不放总觉得菜差点味道。听完我想了很久，他们指的"差点味道"究竟差点什么呢？后来我想明白了，差的其实就是这些调料的味道。

一切都是习惯使然。在不知不觉中，味觉生出了自己的偏好。

吃惯了放味精的清炒油菜，久而久之便尝不出油菜本身的味道，只记住了调料的鲜味。如果下次不放提鲜的调料，立马会觉得索然无味，好像少了些滋味。

菜食里各色浓郁鲜香的调味料，如同附加在人身上耀眼的名利光环。亮丽夺目，却足以遮盖生命本自具足的光芒。

如果只能吃到酱汁的味道，完全品味不到蔬菜的清新与香甜，那一道菜用土豆还是蘑菇又有什么分别呢？

在家里做菜调味时，我总在想：还可以舍弃哪些调料不放呢？

手磨芝麻碎，天然增香

一道素菜的美味来自鲜蔬自身的味道，调料只是个引子，目的是在最恰当的时刻引出食材的原汁原味。如果引子非但没有完成自己的任务，反倒压过了蔬菜的本味，那就是喧宾夺主了。

让人回味无穷的菜品往往不是使用调料最丰富的，而是单纯到极致的。

自然界的蔬菜水果里，有着深奥而美妙的滋味和香气。我们在烹饪食物时，只需使用恰到好处的天然调料，将食材的原味发扬光大，尽量不要遮盖其本真的味道。

很喜欢读林清玄先生讲禅的书，他提到把"禅"字拆开来看，即"单示"。一个"单"字，揭示了万事万物的美丽之处。单纯地呈现，单纯地做事，单纯地生活。

让我们以素简的调味，引出蔬的精华，在一蔬一饭中回归生命的单纯。

醋拌芜菁

芜菁看起来像圆形的白萝卜，甚是可爱。第一次买回家时，心想：吃起来也应该和萝卜差不多吧。可入口的一瞬就惊住了，原来是这种口感啊，太特别了！

吃起来甜滑绵软，肉质富有弹性，没有萝卜的辣味。不像在吃蔬菜，更像在品尝某种水果或果脯的感觉。

芜菁本身自带甜感，又温润可人，过多的调味料会破坏它的柔美。只需要一点点盐和天然酿制的水果醋，就能品尝到它清新温柔的滋味。

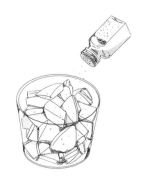

料理 Tips

用盐提前腌制一小会儿，可以将芜菁的滋味引出来，吃起来口感更甜，质地更柔软。（这道醋拌芜菁有种不可言说的滋味，或许品尝后才能够理解那种深远奥妙的感觉。）

| 食材 |

芜菁 3个
盐 少许
果醋 1小勺

| 做法 |

1 芜菁去掉叶子，外皮清洗干净。

2 用小刀像削苹果一样削去外皮。

3 去掉头尾，将芜菁一分为四，再切成两三毫米厚的扇形。

4 撒少许盐，拌匀，腌制10分钟。

5 去除多余的水分，放入果醋，拌匀即可。

糙米的故事

读东城百合子老师写的《笑迎风雨》一书时，内心被深深地打动。她微笑着面对了一生的风雨，不是微风和绵绵细雨，而是暴风和滂沱大雨。

在书中，她讲述了自己与自然疗法相伴一生的故事。糙米汤、糙米饭、炒芝麻盐和野草，这几样饱含大地生机的天然食物，曾挽救过她的性命。从那以后，她坚定地弘扬自然饮食之道，在有生之年帮助了众多病人恢复健康。

跟随着东城百合子老师娓娓道来的讲述，我仿佛感知到身体里有一股自然之力在向上生长。

自然之力，是书里反复提及的一个词语。我理解的自然之力，是一股来源于大自然的非常强大的能量，也是我们每个人内在的生命力。正是这股自然之力，让糙米拥有了疗愈身心的魔力。

与已经失去生机的精米不同，糙米是活着的生命。此时，它只是在沉睡。

唤醒一粒糙米，需要适宜的水分和温度。将充分浸泡后的糙米置于恰当的温度中，它就会渐渐苏醒、发芽和生长。这样得到的就是发芽糙米，无论柔软度还是营养价值，都远高于沉睡时的糙米。

在日本自然饮食疗法中，糙米是一位神奇又慈爱的疗愈师。很多饱受慢性疾病甚至是癌症困扰的人，都因践行糙米饮食而重获新生。但是，这里食用的糙米从选购到烹煮都有着严格的要求。

发芽糙米

首先，糙米需是遵循自然农法或有机栽培的，确保稻谷没有受到农药、化肥、除草剂等化学剂的影响。

这一点至关重要，决不可小觑。因为糙米只是脱去了谷壳，保留了较为完整的种皮及内在物质。不像精米，又进一步去除了种皮和胚芽，只留下了胚乳。所以糙米农药和化学剂的残留远多于精米，在选购时一定要格外留意。

另外，糙米不可淘洗后直接拿来焖饭，需要事先浸泡4~12小时，时间依烹煮锅具而定。泡好的糙米可以加水煮饭或熬粥，也可以经几日催芽成发芽糙米食用。通过充分的浸泡，既能使糙米更易煮、口感更佳，又能除去绝大部分的植酸。

要想做出柔软又有弹性的糙米饭，有三个关键点：充分浸泡、加入足量的水煮饭以及关火后闷30分钟。

我通常会将糙米浸泡一夜，根据泡好的米的量，再加入等量的水，用砂锅中火煮饭。开锅后调成小火继续煮20~30分钟，待米饭表面出现一个个小孔时，水分就蒸发得差不多了。这时关火再闷30分钟，用饭铲从底部向上把饭粒轻轻翻松散，即可享受到健康又可口的糙米饭。

糙米汤

炒糙米是件幸福的事，暖身又暖心。

翻炒不一会儿就会闻到一种很奇妙的米香。有稻谷香，有豆香，还有一种类似咖啡豆一爆前的香味。慢慢地，一粒粒糙米从米心开始膨胀，漂亮的颜色令人联想起金灿灿的稻田。

煮好的糙米汤，温润甜滑，是一款孩子和老人都可以喝的汤，尤其可以帮助身体虚弱的人恢复精力。与白米汤不同，糙米汤中蕴含了全谷物的能量。滑滑的米油滋润着喉咙和身体，感觉自己将生命的精华一饮而尽。

|食材| 有机糙米 1碗

清水 适量

|做法|

1 糙米淘洗一遍，倒入清水浸泡40分钟。沥干，放在滤篮中静置12小时。

2 取一口铁锅，倒入沥干的糙米，用木铲轻柔持续地翻炒。先开中大火，炒到散发出香味、有噼里啪啦的爆开声后，转中小火，继续翻炒。

3 随着爆开的声音越来越密集，糙米的颜色呈金黄色，炒制也接近尾声。尝几粒米，如果酥脆且吃不到硬心，带有柔和的香味，就是炒好了。

4 炒好的糙米倒出放凉，装在密封罐里随用随取。营养价值最好的时间是四五天之内。

5 取一把炒好的糙米，用砂锅或搪瓷锅（不要用金属锅）加适量水中火熬煮。

6 开锅后，转小火继续煮约30分钟。盖子与锅之间留一道缝隙，以免溢锅。关火后，立即过滤出米汤，糙米汤就做好了。

料理 Tips

炒到一定时间，糙米会像爆米花一样爆开。一定要在糙米成爆米花之前出锅。

大地的滋养

　　不小心打破一只用了好几年的汝窑盖碗，泪一下子涌了上来。得知不适宜修复之后，心里许久不能平静。

　　两年后的一个中午，我坐在阳台看书，被秋日的阳光温暖着。突然间，我想起了那个破碎的盖碗，好像内心深处的一块冰一点点在融化。我问自己："到底在执着什么呢？"

　　瓷从泥土中来，终将回到泥土中去，只不过是时间的快慢问题。果实从泥土中长成，终将归于大地。人从土地中获取养分，最终的归处也将是自然。盖碗与我们又有什么分别呢？

　　人类是大地母亲的一部分，不可分离，只是我们常常忘记这一点。

　　蛇，是一种灵活又低调的动物。它将自己放下，紧紧贴合着大地匍匐前行。它的内在，有一种臣服的力量。这种臣服中包含着对天地的敬畏，恰恰是人类需要学习的。如果我们失去了对大地的爱，就无法真正汲取其中无尽的宝藏。

　　人类栖居于这颗瑰丽的星球上，何其幸运。每一天，我们都享受着大自然慷慨无私的恩典。阳光、空气、土地、海洋，它们共同协作，提供给我们丰盛的食物和宜人的生存环境。

　　大地孕育一切，海洋包容万物。我们应当吃能够滋养生命的天然食物，而非耗散自身的化学合成物。

　　秋收冬藏，根茎类蔬菜饱含着大地的能量。它们内敛、沉静、朴实、浑厚，浓缩了四季的甜味与精华。活力十足的胡萝卜，朴素稳重的土豆，软糯香甜的红薯，富含膳食纤维的牛蒡，清润净洁的莲藕。它们不仅存在于秋冬，而是走过了

大 地 的 果 实

四季。携带着春天的生机和夏天的繁茂，蕴藏着秋天的富足和冬天的敛藏。

根茎蔬菜的鲜味和甜味都在外皮里，所以最好带皮料理。将蔬菜的表皮刷洗干净后，无论是烤、炒还是煮，都可以带出其美妙的精华。寒冷的秋冬季节，吃上一盘根茎杂蔬或喝一碗根茎蔬菜汤，将满满的土地能量注入身体中，滋养脾胃，温暖身心。

让我们将身体与心灵一同深深地根植于大地，向下稳固地扎根，向天空自由地生长吧！

根茎汤

牛蒡炒小人参

　　牛蒡的根部富含氨基酸和膳食纤维，消肿排毒效果非常好。胡萝卜营养丰富，养肝明目，可增强人体免疫力，素有"小人参"之称。这两种食材搭配在一起炒食，可以充分获取到来自大地的滋养。

　　这道牛蒡炒小人参是子系的招牌菜，频繁出现于家宴的餐桌上，深受大家好评。如果你平时对胡萝卜有些抗拒的话，不妨尝试一下这道菜，或许它会让你与胡萝卜之间建立起新的联系。

| 食材 |

胡萝卜 1根
牛蒡 1根
食用油 少许
生抽 1小勺
老抽 1小勺
盐 少许
黑胡椒碎 少许

| 做法 |

1 将胡萝卜和牛蒡外皮上的泥
土刷洗干净。

2 胡萝卜去掉头尾,切成细丝。

3 盛半碗清水,牛蒡切丝后浸
泡于水中。

4 锅烧热后倒油,转动锅使油
均匀铺满锅底。胡萝卜素易
溶于油,油量可以稍微多一
点。放入胡萝卜丝,翻炒几
下后,放入生抽,中火煸炒
一会儿。

5 放入牛蒡丝,保持中火翻
炒,加入老抽和少许盐调味。

6 继续翻炒一会儿,放入黑胡
椒碎,翻炒几下即可出锅。

料理 Tips

牛蒡切丝后,如果不是立即放入锅中翻炒,可将其泡入
水中,防止氧化变色。

冬日里的芝麻小事

立冬前夕，一场初雪悄然而至。北京的冬天，总是来得猝不及防。

窗外寂静无声，厚厚的积雪闪着银白色的光芒。城市还未苏醒，雪花在轻盈地飞舞。每当我想让自己温暖一些的时候，最喜欢站在灶火前。

不如来炒芝麻吧！正好冰箱里的黑芝麻粉快要见底，我取出黑、白芝麻各一袋，铁锅一只，开始小火慢炒。

炒芝麻需要刚柔并济。力道要温柔，动作要利落，最后离火时要干脆。

芝麻的爆破声在几分钟后三三两两地响起，虽然微弱，但足够清晰。此时不要停下，继续温柔地翻炒。如果是白芝麻，可以看到乳白色的芝麻粒慢慢变得微黄。若是黑芝麻，从颜色上不好判断，可以等闻到芝麻香时尝几粒。

当噼里啪啦的声音越来越大且非常密集时，意味着芝麻将要熟成。这时再翻炒几下立即离火，倒入碗中，让其自然冷却。芝麻自身的余温仍会继续加热，所以出锅的时间要留心观察，不要炒得太过。

炒熟的芝麻用途广泛，百搭实用。

保持整粒的状态，可以随手撒在热菜或凉菜上，既能起到装饰作用，又能增添营养。或是磨成芝麻粉，倒入密封罐里，放入冰箱

黑芝麻酱配黑麦薄饼

冷藏保存，随吃随取，一个月内吃完。还可以借由料理机进一步打成芝麻酱，调制小料与火锅为伴。

现炒的芝麻满屋飘香，是市售熟芝麻所不能比拟的。在亲手低温慢炒的过程中，身心也随着一次次的翻炒放松下来。寒冷的冬季，一锅散发着浓郁香气的手工现炒芝麻，足以温暖你。

"芝麻，开门吧！"小时候总觉得芝麻有魔法，是种神秘的宝物，不理解大人们为什么总说"芝麻大点的小事"。如果能打开宝藏的大门都不算厉害，那什么是大事呢？

现在的我，依然觉得芝麻有魔力。生活中很多滋养我们的事物，都是微小而细碎的。

无论外在如何，我们总能做些小事来守护内心的平安。犹如生活中的那些"芝麻小事"一样，在时间的长河里看似不值一提，却在有意无意间聚沙成塔。

现磨有机芝麻酱

　　家里的麻酱总是用得很快。凉面、凉皮、大拌菜、火锅小料，甚至是沙拉酱汁，都离不开那一小碗香气浓郁的麻酱汁。

　　很少在市面上看到有机的芝麻酱，即便是真的觅着了，价格也会很高。不如从炒芝麻开始，自己动手做一罐吧！做法简单，营养健康，吃起来唇齿留香。推荐使用有机或者自然农法种植的芝麻，无论从健康还是风味方面，都更胜一筹。

　　同样的做法，白芝麻也可以换成黑芝麻，磨成黑芝麻酱。喜欢甜口的话，加一点点枫糖浆或红糖，抹面包和抹馒头都很美味。

| 食 材 |　　有机白芝麻 400克

　　　　　　葡萄籽油 30～50克

| 做 法 |

1　取适量的白芝麻，在滤网中淘洗干净，沥干。倒入炒锅中，中大火翻炒至水分走干。

2　芝麻干燥后，转中小火，用铲子轻轻地不停翻炒。试着让自己安静下来，不要着急，将意识轻柔地落在每一次的翻动上。

3　几分钟后，当听到芝麻爆破声时，继续温柔地翻炒，乳白色的芝麻粒会慢慢变成微黄。当爆破声非常密集时，再翻炒几下，立即关火。

4　将炒好的熟芝麻，从锅中倒入盘或碗中自然冷却。不要炒得太过，利用芝麻自身的余温继续加热。

5　将彻底冷却的熟芝麻，倒入高速料理机中，开低挡位打成芝麻粉。倒入葡萄籽油，继续搅打。先用低速将油与芝麻粉充分混合，然后慢慢加速。中途停下，用筷子或刮刀翻搅一下。

6　继续将芝麻酱打至顺滑。取一个干净的密封玻璃罐，将打好的白芝麻酱装瓶，密封好后放于冰箱冷藏。可保存一两个月。

料理 Tips

除了葡萄籽油外，初榨橄榄油和冷榨亚麻籽油也非常适合。它们都是健康的可生食油脂，少量添加可以使芝麻酱更加细腻顺滑。如果不希望有橄榄油和亚麻籽油的特殊香气，建议选择清爽无味的葡萄籽油。

与甜品的美好关系

日常自律，偶尔小纵。这样的节奏令我感到舒适自然，不紧绷，没有压迫感。

平时基本都是用蔬果杂粮自己在家做饭，很少外食，下午茶的点心多半也是自己制作。但若碰上野餐郊游的日子，我就会稍微放纵一下，吃一点平日不会吃的零食。像小米锅巴、薯片、话梅这些小时候钟情的小零食，我会尽量选购一些添加剂少的，放在野餐日和朋友们一起分享。

初夏时节，树荫下非常凉爽。约上三五好友，在清澈的湖水旁铺上野餐垫，从包中拿出各自亲手做的午餐，再点缀一些童年最爱的零食。坐在蓝天白云下，望着不远处草坪上嬉戏玩耍的孩童，仿佛时光倒流，我还是儿时那个无忧无虑的小女孩。

我想，我们与甜品的美好关系，不应被负罪感取代。你带着什么样的心态享用食物，就会从中收获什么能量。

吃哪些食物并不是最重要的，更重要的是吃这些食物的时候，你的真实感受是什么？带有怎样的情绪？是否感到愉悦和幸福？

爱吃甜点，但吃完之后却被愧疚感层层包围。无法拒绝黑森林蛋糕的美丽诱惑，又担心里面过多的白砂糖、黄油和奶油会让自己发胖。相信很多人都有过类似的体验，我自己也不例外。于是原本美好的下午茶变得忧心忡忡，甜品变成了美丽与罪恶并存的矛盾体。

玫瑰花酱司康　　　　　　　　　　　　　无蛋奶巧克力杏仁蛋糕

然而，享用甜品不应是一场搏斗，看理智与情感谁会败下阵来。甜蜜和苦涩一样，原本就是生活的一部分。你无法用一边渴望一边愧疚的方式，品尝到一块巧克力的香浓。光凭头脑的意志力来克制自己对一块蛋糕的渴求，是很难长久的。

有两个关键点可以帮助我们解决这种内心的冲突感。一是接纳，二是改变。

心理学家认为，压力会促使人的身体寻找糖分，而甜食和脂肪会触动大脑中的快乐中枢。当我们压力很大，处于焦虑、烦躁、无助等负面情绪中时，就会很渴望吃甜食，从中获得慰藉。

所以下一次，当你特别想吃巧克力蛋糕时，可以先去觉察一下此时自己的情绪状态是怎样的。不管是什么，接受这个渴望通过甜食缓解压力的自己。这个心理过程本身，就是一种很好的纾解和释放。

除了更加关照自己的情绪之外，你也会想去寻找一种更加健康的食物，既能满足甜品欲，又不会给身体增加不必要的负担，这种持续的探索，会让身心获得平衡与滋养。

巧克力磅蛋糕

　　我们与食物的关系，就像与人的关系一样，如果抛开先入为主的观念，仿佛一下子变得柔和轻松起来。

　　即使不添加鸡蛋、牛奶、黄油和精制糖，也可以做出绵密香醇的巧克力蛋糕。甜品，不是发胖的代名词。健康，也不意味着不好吃。在一次次的探索与和解中，我们终将会以更天然、更放松、更自在的方式与甜品相遇。

| 食材 |

A

低筋面粉 110克	巴旦木粉 10克
全麦面粉 15克	无铝泡打粉 4.5克
生可可粉 25克	

B

椰子粉 2大勺	果醋/柠檬汁 1/2小勺
水 约110克	葡萄籽油 45克
椰子花糖 35克	液态椰子油 5克
盐 一小撮	枫糖浆 10克

| 做法 |

1 烤箱预热至190℃。在碗中放入A中所有食材，混合均匀备用。

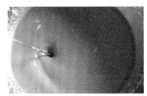

2 在料理盆中放入B中所有食材，用手动或电动搅拌器搅打，使水油乳化均匀。

3 将步骤1的粉类过筛，筛入步骤2的液体中。

4 用硅胶刮刀以划十字的方式，上下快速轻柔地翻拌。不要过度搅拌，残留的粉状颗粒可以用刮刀碾碎。

5 将拌好的面糊倒入磅蛋糕不粘模具中，表面抹平。

6 放入烤箱中，190℃烤10分钟后取出，用小刀在表面轻划一道口，促进糕体长高。

7 转175℃继续烤20~25分钟，用牙签插入蛋糕内部，拔出后若没有面糊附着在上面，就烤好了。

8 放在晾网上自然冷却，趁凉透前放入保鲜盒中密封好，回油半天至一天。剩余的蛋糕可置于冰箱冷藏保存，口感更绵密。

料理 Tips

用天然的椰子花糖和枫糖浆作为甜味来源，用葡萄籽油和椰子油替代黄油，既美味又健康，非常适合乳糖不耐受或吃纯素的朋友。

苦甜参半的人生

又是一天的白雾和阴雨。最近接二连三的阴霾，说不清喜不喜欢，已然习惯。

晴天的时候，万物雀跃人也飞扬，脑海中总会浮现出很多心神向往的事。阴天时，人的心思似乎很容易沉淀下来。思绪不再乱飞，可以轻松地安住在当下的情境中。

昏黄的灯光下，子系在吧台冲咖啡，水汽和香气静悄悄地在四周弥漫开来。柑橘香、焦糖香、乌龙茶香、茉莉花香、奶油香、坚果香，这些香氛奇妙地交织在一起，于空气中穿行。

生活，像茶，像咖啡，有时香气四溢，有时苦涩难耐，人生百味都在其中，由不得人挑拣，细细品味就是了。

阴晴不定，苦甜参半，才是真实的人生写照吧。

最近在网上看到很多人在教大家"如何做一瓶不苦的柚子茶"，心里觉得甚是可惜。

秋天的柚子，具足了天然水果的甜苦香润。黄色的柚皮微苦清香，里面的果肉水润酸甜，每一种味道和香气都是柚子独特非凡的滋味。如果丝毫吃不出苦味，就不是柚子茶了。

通过多次焯水和搓洗，可以去除绝大部分柚皮的苦涩。再混入翻倍的糖与蜂蜜，能够将柚子肉仅存的一丝清苦掩盖。如此一来，舀一勺放在杯中用热水冲泡，喝到口中没有丝毫苦味，只有满满的甜蜜。可这样做出的柚子茶，还具备打动人心的力量吗？

不苦的柚子茶、不酸的番茄、不辣的白萝卜，它们都好像丢掉了最宝贵的灵魂。它们的诞生，迎合了现代人的口味，却遗失了其原本的个性。单一而不再丰富，乏味而不再有趣。就如同只有快乐的人生一般，看似美好，实则非常空洞。

只能品尝甜美的人，是很难拥有真正喜乐的人生的。因为每当遇到苦涩之事时，多半会抱怨，不能以更广阔的视野去看待，很容易焦虑和沮丧。

然而，自然界的每一种植物如同每一个人一般，都是独一无二的存在，有着自己独特的个性。它有闪闪发光的一面，也有略带阴霾需要被照亮的部分。品尝食物的苦涩，体会人生的苦难。享受舌尖上的一抹清甜，庆祝生活中每一个微小的幸福。抚摸粗糙带刺的蔬果皮，感谢那个在逆境中依然不改初心的自己。

愿每一个人都能拥有香气四溢的百味人生，品得了香甜，也耐得住苦涩。

经历了岁月沉淀的干佛手

冰糖佛手茶

炖冰糖佛手茶，疗愈的旅程从切佛手丝时就已开始。

佛手，似花非花，似果非果，它的香味与花果都不同。金黄的佛手中，可以闻到柠檬、甜橙、橘子和柚子交织在一起的清香。这丝丝缕缕的佛手香，不像柠檬香那般激烈，也不似橙香的甜腻，而透着清冷和幽静。

通常炖冰糖佛手，果肉与糖的比例是1∶2。我想多保留一些它的清苦，所以做了减糖处理。微苦与清甜的交织，是佛手茶独有的风韵。

料理 Tips

处理佛手黄果时，整片的适合切丝，炖佛手茶用。边角的地方切碎，可以取一些放在玻璃壶里，加两块冰糖泡水喝，清心润燥。

| 食材 |

佛手黄果 500克
黄冰糖 700克
枫糖浆 50克
清水 50克

| 做法 |

1 佛手黄果放在盐水中浸泡
  15分钟，搓洗干净，擦干。

2 切成厚度均匀的片。

3 再切成细丝，不规整的地方
  切碎即可。

4 佛手丝放入砂锅中，加入黄
  冰糖和清水，小火慢炖2小
  时，需勤观察，中途搅拌
  几次以免煳锅（如果用电炖
  锅，可不加清水）。

5 关火，利用余温闷2小时。再
  次开火，小火继续炖2小时。

6 倒入枫糖浆搅匀，关火，闷
  一夜至第二天后打开。

7 将炖好的冰糖佛手放入无水
  无油的玻璃瓶中，冰箱冷藏
  保存。喝的时候取2勺放入
  杯中，加入热水搅匀即可。

天然食物是最好的疗愈师

橘子皮和菠萝皮的甜香飘到客厅与卧室中。天然的果皮带着温暖又熟悉的香气，使我回想起上学时繁盛而炎热的夏日午后。

从小我就格外喜欢亲近大自然，自然界中的蔬菜水果令我着迷。它们清新自然，芬芳多汁，色彩绚烂，丰满甜美。每一种特质都是人类永远无法彻底破解的谜。

大地母亲是人类能量的源泉，它给我们滋养与力量，与我们共生。每一分钟，你都可以选择与地球母亲离得更近一些，或是推开它逃得更远。

色彩般绚丽的蔬菜

当你从新鲜的天然果蔬中摄取养分时，你在无限地贴近地球母亲；当你吃着用化学成分堆砌的加工食品时，你在远离它。当你用心品味食物的原味时，你在亲近自然；当你炒菜时倒入许多合成调味品时，你在疏远它。当你怀着感恩的心用餐时，你在与天地万物沟通；当你狼吞虎咽地吞下饭菜时，你在竖起冰冷的屏障。

也许每一天，我们都可以提醒自己在生活中多去感受身心与自然的联结。多摄取一些天然应季的五谷蔬果，用它们净化滋养身体。在阳光明媚的清晨，到附近的公园走一走，与自然为友。

用餐时，细细地咀嚼，用心品味大自然的果实。走在路上时，有意识地放慢脚步，感受双脚与大地的每一次接触。喝茶时，闭上眼睛闻一闻清新的茶香，让心灵在茶叶的滋润中放松。晚上睡觉前，把剥下来的柑橘皮放在床头，让香甜的精油香氛在睡梦中疗愈你。

愿我们与万物友善和平地相处，让天然的食物和生活方式为身心注入源源不断的活力与能量。

三蒸三晒红枣

古人三蒸三晒的魔法，藏在水汽与阳光里，也生于天地之间。

经过三次蒸汽的洗礼和三次阳光的照耀，食材内部会发生奇妙的转变。我用这种方式做过苹果脯和红枣，过程虽然麻烦一些，但品尝到成果时的幸福溢于言表。

三蒸三晒后的红枣，颜色呈深红，口感甜美软糯，药效也有了很大的提升。食补养生贵在坚持，每天吃上两三颗，健脾胃，养气血。

| 食材 |

红枣 300克

| 做法 |

1 将红枣用水冲洗干净，沥干。蒸锅中加水，笼屉上垫蒸布或油纸，把红枣放在笼屉上铺开，中大火蒸30分钟。

2 将红枣取出铺开，放在阳光充足处晒2小时。晒好后，把红枣收进密封盒中，于阴凉处保存。

3 第二天倒出红枣，再次上锅蒸30分钟，再放到阳光下晒2小时。

4 重复步骤2和步骤3。这样蒸三次、晒三次之后，将红枣放于密封盒中在阴凉处保存，1个月内吃完。室温高于26℃时，移至冰箱冷藏储存。

料理 Tips

经过三次蒸晒的红枣，枣皮的营养已缓慢渗透到了枣肉中。如果脾胃功能不太好，食用时可剥去枣皮，减轻消化负担。

真味，只是淡

　　"蓼茸蒿笋试春盘，人间有味是清欢。"这句诗我最初听到的是下半句，当时在心里想：是什么样的味道让苏轼发出如此感叹呢？想必不是厚重油腻之物，一定清雅无比。原来，答案早已藏在了上句中。

　　清欢，是浅浅的微笑，淡淡的欢喜。不求人知，只为悦己。

　　春天的野菜，自带清雅。蓼菜、茼蒿、鲜笋，还有各式鲜嫩的青菜，构成了春日清新淡雅的氛围。力求彰显食材原味的料理人，以及懂得品味蔬菜天然清香的食客，也是能体味清欢为何物的人。

　　"酞肥辛甘非真味，真味只是淡；神奇卓异非至人，至人只是常。"[1]《菜根谭》里通篇不离"淡"的智慧，道出了古人宁静淡泊的修身养性之道，其恬淡高远的心境令人向往。

　　好的食物，只是淡。修为高的人，只是平常。食物之道与人心之道是相通的，只是淡与常，仅此而已。品味饭菜，要用平常心。待人接物，需淡然处之。只有淡，才能长久。也只有能长久的，才是平常。

　　汪曾祺先生曾说："平淡好，但平淡不易。平淡不是从头平淡，平淡到底。这样的语言不是平淡，而是寡。"他是用来讲语言和文字的，放在烹调食物上也同样适用。

　　淡，其实也是一种美妙的滋味。平淡，要有味，否则就只剩下了"平"。如果一道菜吃起来什么滋味都没有，像喝白开水一样，那确实只能称作"寡味"。

---

1 摘自《菜根谭》，中国友谊出版公司2014年版，［明］洪应明著。

清爽的菜码，初夏的味道

品尝食物的原味，并不意味着丧失滋味。

新鲜的蔬菜水果里，五味杂陈，层次分明，丰富均衡。天然的滋味是清淡平和的，却不失自然的灵动和生机。它们纯净清新，饱含真味。做菜时若不幸将鲜蔬的真味掩盖，实在令人惋惜。

"耶稣隐藏在这块大理石里面，我只是帮助它显现出来。"米开朗琪罗说，他只是将不必要的部分敲掉，慢慢地，雕像自然浮现了出来。

与食物协作的过程也是如此。大自然的蔬果本身就很完美，我们只需要去发现和带出它们的美妙与真味。

将新鲜的蔬菜去除表皮蒂柄，切成适宜的形状，再佐以天然的调味料简单烹调，便可激发出食材深处的滋味，彰显出其自然本味。

抛弃画蛇添足的创造，舍去浓厚的调味品，让食物的美自然而然地呈现。

香菇高汤

不使用任何动物性食材，以及葱、韭菜和洋葱等五辛，这样做出的高汤被称为"素高汤"。清丽淡泊的素高汤中，有一丝远离喧嚣的静气。汤色金黄，清澈见底。清新淡雅，却不失鲜美。

制作素高汤的方法有很多种，我特别喜爱精进料理用香菇或昆布来制作的高汤。其食材简单，制作起来也很方便，味道天然纯粹。

无论是做汤、煮面或调蘸汁，素高汤都能为菜品带去自然的气息。从淡味中，品尝食物的真味。

| 食材 |

干香菇 3朵
水 600克

| 做法 |

1 将干香菇洗净，去除里面的沙土。

2 洗净的干香菇放入容器中，倒入600克清水密封好。

3 置于冰箱中冷藏12小时，取出后即可使用。剩余的香菇高汤可继续冷藏保存，在一周内使用完即可。

料理 Tips

昆布高汤的制作方法与香菇高汤类似，也是用昆布和清水冷藏萃取。平时使用时，也可以依据自己喜欢的比例，将香菇高汤和昆布高汤混合，调配成混合高汤来使用。

新鲜的柠檬

轻盈断食日

　　几年前，我前往湖北赤壁的一处瑜伽静修中心进行了三日的轻断食。那次的体验对我来说非常珍贵，消除了我一直以来对断食的误解和恐惧，并让我与食物的关系更加亲近了。

　　体会过失而复得，才能懂得珍惜。

　　复食的第一天，我和班上的同学一起去领蔬菜汤。"哇！这汤好甜呀！""原来蔬菜汤这么好喝啊！"记得每个人在喝下第一口汤的时候，都会发出赞叹。

　　断食使大家的味蕾比以前更加敏感，心也逐渐舒展开来。一碗平淡无奇的无油无盐蔬菜汤，竟能让大家的脸上露出心满意足的神情。我细细地品味着那碗浓缩了五彩鲜蔬的汤汁，感受着它划过舌尖和喉咙的滋味，仿佛人生第一次喝蔬菜汤一样。

　　复食后的那一周，吃每一口饭菜时我都会细嚼慢咽。当你擦亮感官时，会发现很多曾经忽视的美好。原来红薯叶如此嫩滑、南瓜馒头这样糯甜、小米粥绵柔得像云朵。

　　再回想自己曾经吃饭时的样子，最多只能算是填鸭式充饥，实在惭愧。只当身体是一个容器，不断地去充满它、挤压它和伤害它。现在想来，是因为不觉得眼前的食物宝贵，也不认为自己的身体是珍宝。

　　从静修中心回来后，每隔一两个月我都会挑选一天，用温和的方式进行轻断食。

犹如备菜环节对于烹饪的重要性一般，轻断食前的准备工作也需要被重视起来。在断食日的前一天晚上七点半前，吃完一顿清简的晚餐。比如一份水果、一盘蔬菜沙拉、一碗米粥或两片全麦面包等。这一餐尽量选择纯植物饮食，且分量要少，避免油腻和过多的调味料。

为了让身体以最佳的状态排毒，最好在晚上十点半前就寝。由于晚餐吃得早，可以确保在入睡时是半空腹的状态，这样肠胃在夜间能得到充分的休息。

我个人倾向于选择温和一些的果蔬汁断食法，而不是完全中断饮食。

对于没有足够断食经验的人来说，比起严格的清水断食，适量喝一些温度接近于体温的柠檬枫糖水或鲜榨果蔬汁，可以提供人体所需的基本能量、膳食纤维和矿物质，从而让人更轻松自在地度过断食日。

鲜活的果蔬中饱含大自然的生机，它们的加入会使断食期间的排毒效果更佳，这一点也被世界范围内很多临床营养学家证实。不过，如果你的体质比较寒凉，中医已经建议你不可多食水果的话，还要依据自身情况来选择更适合的方式来轻断食。

一日轻断食，指的是从前一天的晚上到第二天的晚上。所以当夜幕降临时，恭喜你，已经成功度过断食日了。在晚上七点半前，请以一碗原汁原味的蔬菜汤结束今天的旅程吧。

枫糖柠檬水

天然枫糖浆来自"枫叶之国"加拿大，含有人体所需的多种矿物质、维生素和抗氧化成分，被誉为"液体黄金"。

枫树分泌出的汁液被提取后，经煮沸后慢慢浓缩成枫糖浆。30～45升的汁液才能提炼成1升的枫糖浆，每一滴都弥足珍贵。

加入了枫糖浆和鲜柠檬汁的排毒水，可以帮助我们能量十足地度过轻盈断食日。

| 食材 |

新鲜柠檬 半个

枫糖浆 适量

温水 1杯

| 做法 |

1 柠檬的表皮用盐搓几下，冲洗干净，对半切开。

2 将半个柠檬的截面朝下，在榨汁器上挤压，挑出柠檬核，将柠檬汁倒入杯中。

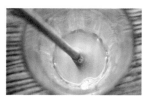

3 按照自己喜欢的甜度加入枫糖浆，混合均匀。

4 倒入温水，搅拌均匀，即可饮用。

料理 Tips

最好用温水来调制柠檬水。水温过高会破坏柠檬汁中的维生素C，而冰凉的水喝下去会刺激肠胃。

第三章

温柔以待，
为食物注入爱

在厨房里，
带着欢喜与祝福烹饪食物。
让爱如种子，
随风飞扬，落地生根。

不问食之粗细

在食物的五味中，不同于"酸、甜、苦、咸"的直截了当，"鲜"的滋味仿佛来得更加微妙深远。

酸甜易得，鲜味难寻。但大自然的奇妙就在于，我们可以像寻宝一样在植物界中觅得至高无上的鲜品。松茸，便是如此，是人间如宝藏般稀有的鲜味珍品。

闻着绝妙的松茸香气，闭上眼睛，整个人好像置身于松茸生长的青杠树下。高山、雨露、森林、阳光、云雾、松针、落叶、泥土……山野气息扑面而来。眼前不禁浮现出藏民翻山越岭寻找松茸的画面。

无论人类的科技有多么发达，总有一些事物是超越我们控制而存在的，这也正是大自然的神圣之处。松茸是无法人工培育的，只能在野外自由生长，这真令人喜忧参半。我既为无法常能品尝到松茸的美味而遗憾，又为它始终是不可替代的存在而欣慰。

松茸就像节日，是寻常日子里的一场庆祝。

它带着高光登场，收获了掌声和赞美，然后华丽地谢幕。节日虽然华美，却不是平常，无法长久。当日子归于寻常，我们又该以什么样的心境对待呢？

"调办供养物色之术，不论物细，不论物粗，深生真实心、敬重心为诠要。"道元禅师在《典座教训》[1]中这样写道。

食材不问粗细，也无贵贱之分。松茸固然珍贵鲜美，但与其他生于山野间的菌菇一样值得人怜惜。道元禅师告诉我们，食材无高低之分。任何一种食材，都

1《典座教训》出自永平清规（2卷）《大正藏》第82卷NO.2584。

经过预处理的松茸

自制豆腐配梅子酱油

不可随意轻贱。这也是平等心和慈悲心的修持。

"所谓醍醐味，未必为上；调蒲菜羹，未必为下。捧蒲菜择蒲菜之时，真心、诚心、净洁心，可准醍醐味。"阅读《典座教训》时，我常常自省，对自己平日在厨房中的种种行为感到羞愧。

醍醐味，意指一种深奥的妙趣。在禅师眼中，蒲菜与醍醐，一如不二。食物深处不可言说的味道，不只存在于特定珍稀的食材里，而浓缩于天地万物间。

太阳始终秉持着一颗平等心，所以我们说它普照万物。它照耀着天地，给小草多少爱，就给人类多少爱，不会因为你在世间的高贵或卑微而有所分别。

无论对待常见的菌菇，还是处理珍贵的松茸；无论清洗本地栽培的樱桃，还是品尝进口的车厘子，都应用同等的心态，怀着无差别的爱惜。

视万物如其所是，不去比较，不加以分别。温柔地烹调手中之物，欣赏它，心怀喜悦。

如此，每一天都是节日，每一天都值得被庆祝。

滋补菌汤锅

　　比起稀有的松茸，鹿茸菇、羊肚菌、牛肝菌、虫草花等干燥的野山菌更容易获得。它们的存在，让我们在寻常日子中也能品味到来自高山的鲜味馈赠。

　　特别是天气转凉的时候，慢慢熬煮上一大锅菌汤，鲜美的滋味让人不自觉地想多喝上几碗。若是想滋补身体，还可以增加一些药食两用的食材，比如红枣、党参、枸杞子、五指毛桃等。

| 食材 |

A

干茶树菇 2个

干羊肚菌 1个

干鹿茸菇 2个

干姬松茸 2片

干虫草花 一小把

干牛肝菌 2片

干竹荪 2个

B

红枣 3颗

党参 6克

五指毛桃 2小段

其他

盐 少许

生抽 2小勺

水 适量

| 做法 |

1 将材料A和B中的所有食材
轻柔地冲洗一遍，放在碗
中，用清水浸泡1小时。

2 取一个大砂锅，放入步骤1
中泡好的食材以及淡黄色的
菌水。加入足量的水，中大
火煮。

3 煮开后，转小火煮1小时，
关火，闷半个小时。再以中
火煮开，转小火煮1小时。

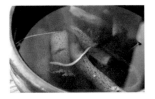

4 加入生抽和盐调味，即可
饮用。

料理 Tips

清香鲜美的滋补菌汤，非常适合做火锅汤底。涮菜之
前，先喝上一碗原汁原味的汤汁，仿佛疲惫的身心都得
到了滋养和疗愈。

为食物注入爱

大学时读过保罗·柯艾略的一本书，名叫《我坐在彼德拉河畔，哭泣》，书里有一句话我到现在仍记得："爱是与另一个人心灵相通，并通过那个人，找到神的光辉。"[1]

这是我听过的对爱最美的解释。

爱在流动中产生，并通过这种流动照亮彼此。施与者，同时也是接受者，两者并无差别。

做饭也是一种能量的流动，是爱的注入与接收。这是双向的滋养，不仅做饭的人要带着爱与祝福烹调，品尝到的人也应心怀期待和感恩。如此完成一个爱的循环，人与食物共舞。

现在外面很多餐厅的饭菜汤羹，都是在急于求成的心态下完成的。这样即使就餐环境再高雅，餐具再精致，也都是有形无心的。你在吃的时候，完全感受不到料理人背后的爱意，形式和结果远大于食物本身。如此一来，食客多半也只是草草了事，不会用心去品尝食物的真味。

技巧是必要的，但不能替代用心，或是大过于用心。做任何事情如果一味追求炫耀技巧，那还是停留在很表面的层次。

一张动人的照片，不一定非要依赖顶级昂贵的设备，而来自一双善于捕捉美的眼睛。一道鲜美的菜肴，不一定需要使用稀有的食材，而来自一颗柔软有爱的心。

---

1 摘自《我坐在彼德拉河畔，哭泣》，南海出版公司2011年版，［巴西］保罗·柯艾略著，许耀云译。

把手指放入咖啡粉中，默念"咒语"

美好的事物，由心而生，所以才能够温暖别人，给人力量。这份来自心底的爱意，正是人们最容易忽视的一味神奇的调味料。它有着神秘的魔法，能让看似平淡无奇的菜肴顿时闪耀夺目。

电影《海鸥食堂》里，一位曾在此开咖啡馆的芬兰大叔来到女主角幸江的餐厅，教会了她一个能让手冲咖啡瞬间变得好喝的咒语——"Kopi Luwak"。只需要把食指放入咖啡粉中，在心里默念一遍"Kopi Luwak"，三秒之后，再注水冲泡，你会发现咖啡变得香醇无比。

《孤独的美食家》中，有一集五郎在餐馆点了一份什锦凉菜。刚要动筷，突然想起了一个能让凉拌菜变好吃的口诀。他脸上洋溢着期待又紧张的神情，一边上下翻拌，一边在心里默念："请变得好吃吧！"

咒语和口诀之所以会灵验，取决于我们此刻的心念。那不是语言的魔法，而是爱的力量。爱，拥有宇宙间至高无上的能量。它能穿透迷雾，驱散黑暗，抚平忧伤，注入光明。

下次做饭时，试着念一句只有你自己听得懂的咒语吧！

把所有对自己和他人的爱都放进去，带着满满的欢喜洗菜、备菜和烧菜。我相信，吃到这道菜的人一定会感到幸福喜乐，如同沐浴在阳光下。

每日以欢喜心浇灌，窗台上的豌豆苗长势喜人

枫糖十仁月饼

又到一年花好月圆时。这几年，每年中秋都会烤一盘月饼送给亲人，祈愿大家平安喜乐，和睦无忧。

去年首次尝试了枫糖大月饼，天然枫糖浆的表现令人惊喜。甜度上，不像全部用转化糖浆那般黏腻，而是在舌尖晕开的一丝清甜。回油很快，两三天时饼皮已经变得柔软，吃起来完全不腻口。

把爱藏进天然食材制作的食物里，送去祝福的同时，也带去健康与美味。

| 食材 |

A	B	C
中筋面粉 120克	巴旦木 20克	炒熟的低筋面粉 适量
椰子粉 7克	南瓜子仁 13克	玫瑰花酱 2大勺
枫糖浆 50克	核桃 25克	麦芽糖 适量
转化糖浆 37克	花生仁 10克	枫糖浆 1大勺
碱水 1.9克	黑芝麻 1大勺	
葡萄籽油 30克	白芝麻 1大勺	
	杏干 3颗	
	蔓越莓干 10克	
	葡萄干 25克	
	枸杞子 6克	

料理 Tips

如果不喜欢常规软绵的月饼皮，偏爱酥松一点的饼皮，可以不放转化糖浆和碱水，将总量替换为麦芽糖和温水调成的糖浆。这样烤出的月饼，酥脆甜香，吃起来有老式的味道。

| 做法 |

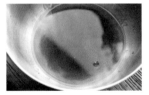

1 在料理盆中放入材料A中除了粉类的其余食材，用搅拌器混合均匀。

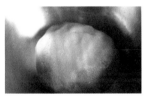

2 筛入材料A的中筋面粉和椰子粉，用刮刀翻拌成团，密封好后醒1小时。

3 材料B中的坚果、谷物用平底锅炒香，或者用烤箱150℃烤8~10分钟，冷却放凉。

4 将材料B中的所有食材切碎，在盆中混合均匀。放入材料C，翻搅成团，黏度以不散开为宜。然后揉成一个大球，做成十仁馅。

5 把步骤2中醒好的面团轻轻按压推开，放入步骤4的球状馅料。一手用掌心托住底部，另一只手轻柔地用虎口往上推，包好收紧口。

6 月饼模具中撒一些炒熟的低筋面粉，倒扣拍出多余的粉。放入步骤5的饼团，慢慢地压入模具中成形。烤盘中放油纸，模具倒扣在纸上，推出完整的月饼。

7 月饼上方喷几下水雾，放入预热的烤箱，上火190℃，下火180℃，烘烤8分钟后取出。用1大勺枫糖浆加几滴水调匀，刷在饼皮表面，放入烤箱继续烘烤15分钟。

8 待表皮上色后取出冷却，放入密封盒中回油几日，饼皮变得柔软就可以品尝了。

没有什么理应被丢弃

前一周用白菜做馅时，我把根部切下放在小碗中水培，今早给白菜根换水时，发现它的底部全都变得软烂了。我大吃一惊，赶紧捧在手里仔细检查，想知道是哪里出了问题，明明昨天还很健康。直到看见顶端的两簇花蕊已由青转黄，我才恍悟。

它把自己身上的所有营养都输送到了花蕊，只为成全开花时的一瞬。

为了花朵，它可以无条件地奉献出全部的自己，甚至不惜耗尽生命。哪怕自己只有一个小小的根部，哪怕自己也仅有那一点点的养分。

看着坚强又娇弱的它，我不禁泪目。我不知道它是否能够撑到开花，希望如此，让一切努力都没有白费。

正当我为透支的白菜根难过时，余光瞥见一旁的白萝卜根和卷心菜根也结出了花蕊，碧绿清新。一时我不知是该欢喜还是忧愁。我为它们将要盛开而高兴，又不愿它们因此走到生命的尽头。我没有权力阻挡生命开花，可又不舍它们离开。

相比于白菜根带给我的悲喜交加，胡萝卜根就比较令人安心了。它没有花朵可以绽放，却也使我免去了离别之苦。

你见过胡萝卜根水培一个月后的叶子吗？它是那么优雅美丽。只需要一点点清水，一些散射光，它就能稳健生长。纤长翠绿的叶子可以留作观赏，也可以剪下来食用。

开花的白菜根

剪下来的水培胡萝卜叶

身边如果有朋友心情不好，我总会建议他在家中养些植物。如果不想特意购买绿植，可以从厨房就地取材。切菜时剩下的胡萝卜根、白萝卜根、白菜根、卷心菜根、芹菜根等，泡在水里，就能长成一盆天然的小盆景。开花或不开花，结果或不结果，都不要紧。总有一天你会注意到，在你失落消沉时，有那么几棵小生命一直在努力生长。

它们不会因为自己是废弃的菜根就自暴自弃，它们从不放弃生命，从不抛弃自己。它们目标明确，专注有力。单纯地生长，不遗余力地长大。

每一天，胡萝卜叶都长高一些，变得浓密一点。它在生长过程中所花费的努力不会比我们少。如果胡萝卜根可以长叶，白菜根能够开花，那我们还有什么理由不勇敢地去实现心中的梦想呢？

没有什么理应被丢弃，无论是食物，还是你内心的理想。一切存在都是宇宙的孩子，独特且珍贵。愿我们也可以像它们一样，自由生长，无限地扩展自身，为地球送去光芒与美丽。

凉拌樱桃萝卜

超市里的萝卜大多是去掉了萝卜缨的，如果能从市场上买到新鲜的带缨萝卜，真是件令人开心的事。

暗绿色的萝卜缨朴实无华，没有樱桃萝卜艳丽的外表，但汆烫后立马大变样。烫过的萝卜缨青翠欲滴，吃起来清香脆爽。

萝卜缨富含多种维生素和纤维，无论凉拌、炒菜或是做炸物，都可以为餐桌送去一抹清新。

| 食材 |

带缨的樱桃萝卜 一小把

芝麻油 1小勺

盐 少许

果醋 1小勺

生抽 1小勺

熟白芝麻 少许

| 做法 |

1 用刷子把樱桃萝卜外皮上的泥土洗干净，取下萝卜缨并洗净。

2 将萝卜缨放在锅中余烫熟，在沥篮中放凉。

3 将樱桃萝卜切成圆形的薄片。

4 萝卜缨挤干水分，切碎。

5 将步骤3和步骤4的食材放入碗中，倒入芝麻油、盐、果醋和生抽，拌匀。在最上面撒一些熟白芝麻增香即可。

料理 Tips

如果家里还有白萝卜缨或水萝卜缨，也可以单独用萝卜缨来做这道小菜。搭配米饭或粥一起吃，清香开胃。

因为朴素，所以珍贵

最近在读是枝裕和导演写的随笔集，他提到比起拍摄料理食物的过程，更愿意去捕捉料理前和料理后的日常片段，比如备菜和收拾碗筷。

他的这席话解答了我心中的疑惑。之前每次看他拍的影片时我都很心急，心想这道菜还没拍如何炒的，怎么就吃完了呢？但神奇的是，尽管电影中没有一道食物被刻意展示料理的过程，但每一道都令我印象深刻，萌生出想自己动手做做看的冲动。

《步履不停》中的毛豆饭团，《海街日记》中的天妇罗配荞麦面，《比海更深》中的可尔必思冰，《奇迹》中外公用山药做的轻羹。或许正是因为没有直接告诉观众这道菜具体的做法，才令人回味无穷吧。

厨房不是万众瞩目的舞台，料理人也不是演员。料理无须炫技，它不是用眼睛去观看的，要用心去感知。

"煮物要放一夜才入味。"

当树木希林在影片中淡淡地说出这句话的时候，那一瞬我感受到了导演对母亲深切的思念。看似朴素的生活经验，需要一生的岁月去积累和领悟。一碗醇厚入味的煮物，需要漫长的时间去等待和守护。而这其中的万般滋味，都融化在母爱里，流入孩子的心田。

每个人都有隐匿于记忆深处的美好，很多时候都与某种食物相连。

鲁迅曾在文中写道："我有一时，曾经屡次忆起儿时在故乡所吃的蔬果：菱角，罗汉豆，茭白，香瓜。凡这些，都是极其鲜美可口的；都曾是使我思乡的蛊惑。后来，我在久别之后尝到了，也不过如此；唯独在记忆上，还有旧来的意味

现磨豆浆

全麦油条

朴素的早餐，家的味道

留存。他们也许要哄骗我一生，使我时时反顾。"[1]

这种让我们时时反顾的味道，是童年的味道，是家的味道，也是无法重逢的旧时光的味道。它朴素又寻常，简单又平凡，却是我们一生都在追忆的味道。

这种味道，就像是枝裕和的电影。

蔚蓝的一片大海，表面看起来波澜不惊，潜下去才知道深邃无边。再退后，从远处望去，你会发现海平面上那闪烁着的波光，细碎、明亮、空灵。

隐忍、克制、离别、无常，这才是世间普通人的生活。朴素、简单、寻常、平凡，这才是家家户户食物的味道。

因为朴素，所以长长久久。因为长久，所以弥足珍贵。

---

1 摘自《朝花夕拾》，人民文学出版社1979年版，鲁迅著。

五香花生米

　　家里有一只极具年代感的绿色玻璃罐，用来盛放子系最爱的五香花生米。儿时每当嘴馋时，他就会悄悄地往兜儿里揣一把花生米存着慢慢吃。

　　子系说，起初这是奶奶用来装白糖的糖罐。

　　时光带走了很多人事物，但幸好有器物得以留存。它们的存在是个美丽的证明，见证着食物朴素而珍贵的味道，以及与老一辈人团圆的美好时光。

| 食材 |

A

花生米 1小碗
盐 2小勺
红糖 1小勺

B

香叶 3片　　丁香 5粒
白豆蔻 2个　小茴香 6粒
花椒粒 4粒

| 做法 |

1 材料A的花生米置于清水中，提前浸泡5～8小时。将花生倒掉水放于滤篮中，沥水静置两三个小时，让水分走透。

2 在小锅中放入材料B，加入半锅水。大火煮开后，加入材料A中的盐和红糖，继续小火煮15分钟，关火。

3 倒入沥干水的花生米，闷泡20分钟。

4 将花生米完全沥干捞出，均匀地铺在烤盘上，放入170℃预热的烤箱中，烤20分钟。

5 转150℃，继续烤20～30分钟。其间取出翻动一两次。当听见花生皮依次爆开的声音时，再烤5分钟就快好了。

6 取出继续放置在烤盘上自然冷却，待冷却后尝一粒，应该是酥脆的。如果发软的话，可以再回炉烤5分钟。

料理 Tips

种子中含有天然的生长抑制物质，不利于人体吸收和消化。所以干燥的生花生在食用前，最好提前浸泡数小时，并滤掉浸泡水。

沥干的花生，再静置几个小时让水分进一步蒸发，这样可以缩短烘烤的时间。

以食抵心

听母亲提起，儿时百天抓周时，家人在我面前摆满了各式物品，我一只手伸向前抓了支钢笔，另一只手也不闲着，抓了一把炒菜用的木铲。大家见状都笑了起来，觉得这真是个奇妙的组合。

现在想来这多像一个未来的隐喻，有趣又神奇。

这些年来，写字和做食物是日常伴我左右的两件事。每日除了这二者，其余的似乎都是锦上添花。如果要让我割舍的话，书可以不读，人可以不见，茶可以不泡，但厨房不能不进，文字不能不写。如果非要再舍去一个，那就暂且先放下写字吧。毕竟话可以放在心里，不写出来还可以说给自己听。但食物不能只存于心间，要用双手去实实在在地将其呈现出来，分享给喜爱它的人。

食物是一个媒介，让内心的情感得以传递。

凡是由心而生的创作，都是作者内在世界一种真诚的表达。如果说绘画是一种表达，音乐是一种表达，那么美食也应是一种表达。对于在众人面前不善言谈的我来说，食物是我表达爱的出口。身边的亲人和好友应该都吃过我做的食物吧，想说的话，都会一一放在里面。

我时常感到语言的脆弱无力。

有时看到亲朋好友某段时间很难过，因为健康、工作或感情生活，仿佛有一块重石压在他身上，令他动弹不得。看着憔悴疲惫的他，我想要说些什么安慰，却发现此刻任何言语都显得那么苍白。

言语触及不到的地方，爱能到达。而且没有延迟，就在一瞬间。

爱里面包含了所有的语言。将关心与祈福放入亲手做的美食中，圆满的心意将会分毫不差地抵达食者心中。无须多言，其中的温度和光芒，对方定能感受得到。

我们手中的蔬菜果实，是从一粒种子演变而来的。这些食材再经由我们，被制作成餐桌上的食物。于是食物再次成为种子，而我们化身为播种者。当我们在厨房里带着觉知和爱播种，用心地烹饪食物，那么每一道菜将转化成滋养人心的力量。

一位老师曾对我说："你是礼物。"后来我把它写了下来，贴在书桌前的窗户上。我一直没有机会告诉她："感谢您的这句话，它照亮了我前行的路，在每一个想要放弃的路口。"

太阳在你心中，别吝啬你的光芒，别太早放弃。愿我们都能带着爱，用心做饭。

别忘了你是礼物，送给世界的礼物。

丝瓜酸菜汤面

疲惫的时候，一碗朴素的热汤面最能抚慰人心。

大多数时候，我们想要的并不是山珍海味，而是一顿有着家的温度的饭菜。食物虽然无法拯救你，但它可以在那一刻真切地陪伴你。

为自己或家人煮面时，试着将自己的心意随着调料一并融化于其中。让这碗热气腾腾的面条，化身为爱的礼物，抵达人心中最柔软的角落。

| 食材 |

丝瓜 1根

酸菜丝 少许

生姜 2片

干面条 一小把

食用油 少许

香菇高汤（见P82）
　　250克

水 适量

糖 一小撮

生抽 1勺

盐 少许

鹰嘴豆味噌（见P40）
　　1大勺

| 做法 |

1 丝瓜去皮，切掉头尾，将丝瓜肉斜着切成细长的滚刀条。

2 锅中放少许底油，加入姜片和酸菜丝，小火煸香，放入糖和生抽，翻炒均匀。

3 将香菇高汤中的香菇随汤汁一同倒入锅中，再加入适量清水，加盖大火煮开。

4 放入丝瓜条，开锅后，下入干面条。

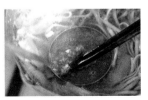

5 再次开锅后，可视情况添一点水，煮到面条柔软无硬芯后关火。鹰嘴豆味噌放在汤勺中，在面汤里用筷子搅动化匀。尝一下味道，若淡可加少许盐，即可盛出。

料理 Tips

味噌最好在关火后再放入。如果在汤汁仍沸腾时加入，会使味噌鲜美的香气提前消散。

在食物中拥抱过去

暮春，拙政园的枇杷还青涩着。眼前这棵高大的古树不知是何人种下，又有怎样的故事。

在北方长大的我，还是第一次见到枇杷树。对枇杷的记忆，一直停留在"庭有枇杷树，吾妻死之年所手植也，今已亭亭如盖矣"。上学时没读懂，现在才明白里面的深情。越是轻描淡写的，越难释怀。

小时候父母都很忙，不能在身边。相信有很多人和我一样，是由爷爷奶奶或姥姥姥爷带大的。童年对我来说，是最美好的过去，无比珍贵的回忆。

前几日，路过小时候住的街道，便想走进去看一看。院子还在，只是没有了最初的模样。二层木结构小楼已变成了篮球场，门内的保安警惕地盯着我。不禁回忆起小时候贪玩，总偷偷藏起来不愿回家，门口传达室的小战士常常帮我打掩护。

儿时的玩伴大多不知去向，道路两旁的树木茂盛如初。

把面粉放进搪瓷盆里，打一个鸡蛋，放两勺白糖、一块酵母老面和适量的温水。水要一点一点慢慢加，用筷子顺着一个方向把面搅成棉絮状，再用手揉成光滑的面团。

奶奶每次都是在这样明媚的午后，不紧不慢地在厨房和着面，烙着发面甜饼。

"要做到'三光'：面光、盆光、手光。记住了吗？"

"哦，哦。"

我一边应声，一边在心里想，好神奇啊！胖乎乎的面团真可爱。

由于加了鸡蛋的缘故，面团不是白色的，而是带着柔和的淡黄色。我一边揉面，一边拼命地回忆奶奶和面的每一个步骤和细节，想还原出记忆中的味道。

"面要多醒一会儿，不能着急，都是慢功夫。"

每当我尝试着做奶奶常做给我吃的食物时，我感觉自己好像变成了奶奶。我的手变成了她的手，我感觉她离我那么近，还在时不时地小声叮嘱我。

发面饼出锅了。表面焦黄酥脆，里面膨松柔软，带着一丝发酵的酸甜。

一定是因为有了奶奶事无巨细的叮咛声，即使我没有放鸡蛋，老面也用酵母粉替代了，仍然烙出了记忆中温暖的香气。

食物和记忆的关系是多么的神奇。

一种气味，一种味道，一种温度，一种色彩。它们能像催眠师一般，缓慢地进入你的潜意识，唤醒埋藏在心底的回忆。甜蜜的，或是苦涩的，包裹着每个时光的你，一并带出。

许多我们心里一直惦念的食物是由爱我们的人制作的，它饱含着浓浓的关怀与爱意。

把思念揉进面团中，把爱融进回忆里，离别就不再是寂灭。它会化作肥沃的土壤继续陪伴你，滋养你，拥抱你。

没有什么被改变，爱一直都在。

清水面条

人生中最难忘怀的面，是爷爷奶奶做的"清水面条"。

清水面条，并不是清水加面条下锅那么简单。爷爷说，这是山东老家的叫法。记得他每次都会用白面混合黄豆面一起擀面，切成宽条。奶奶在一旁煮一锅清水，放入擦好的胡萝卜丝，煮开后再下面条。

筋道的面条带着甜甜的胡萝卜香和豆香，配一点炸酱，拌匀后吃起来筋道爽口。我凭着记忆试着做了清水面条，端上桌的那一刻，爷爷奶奶在厨房忙碌的身影在眼前一闪而过。

料理 Tips

手擀面的面团要揉得硬一些。起初面团不够光滑，多醒一会儿再揉，延展度就会变好。

| 食材 |　　　中筋面粉 200克　　　　水 适量
　　　　　　黄豆面 50克　　　　　　胡萝卜 1根
　　　　　　盐 少许

| 做法 |

1 盆中放入中筋面粉、黄豆面和盐,一点点加水,用筷子搅成絮状。

2 揉成硬一些的面团,密封好醒20分钟。

3 胡萝卜刷洗干净后,擦成细丝备用。

4 把醒好的面团揉光滑,一分为二,分两次擀。面板上撒面粉或豆面,将面团放在上面擀开。擀的过程中要撒粉,擀成厚薄一致的面片,以"Z"字形叠起。

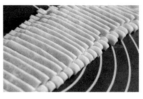

5 用刀均匀地切成宽一些的条状。

6 切好后将面条抖散,整理好后再撒些黄豆面防止粘连。

7 大锅中放入水煮开,放入胡萝卜丝,再次煮开。

8 下手擀面,根据自己喜欢吃的硬度,中火煮3~5分钟后关火。

9 将胡萝卜丝和面条一同盛入碗中,再浇一点汤,可搭配炸酱一起吃。

愿心常在

四月，是法源寺最热闹的时节。

每年这时，满园的丁香盛开，还没有踏进寺院的大门，就闻到了清新悠远的花香。雪白的、淡紫色的、藕粉色的、紫红色的，若是细细去看，每一株丁香花的颜色都不相同。

全国的摄影爱好者慕名而来，扛着各式专业的相机和镜头。大家在树下心照不宣，礼貌地相互避让。有人在安静地赏花，有人在专注地拍照，有人信步游园，有人只是在丁香树下默然伫立。人们陶醉在花海中，怡然自得。

来寺里赏花的游客大多并不是佛弟子，大家聚集在丁香花旁，很少有人进殿跪拜。但慈悲的佛菩萨并不介意，喜悦与花瓣将会洒落在每一个人身上，同等无别。

关于丁香花有一个非常美丽的传说。

通常每朵丁香花都是四个花瓣，五个花瓣很少见。所以五瓣丁香也被称为"许愿花"，据说找到它的人能够心想事成，收获幸运与美好。

在丁香树下，总能看到一朵朵认真寻花的女孩子。她们在为自己或他人许下心愿，也在等待幸运的降临。

"一花一世界"，自然界中的一花一草、一蔬一果，都在传递着生命的爱与美。丁香花是大自然馈赠的礼物，不仅送来清雅与芬芳，也携带着爱与祝福。这让我联想到每日亲手做的食物，它们不应该如丁香花一般成为传递爱的载体吗？

当我们满怀真切的愿心去触碰食物时，手中的食材将释放出最佳的口感和味道，品尝到它的人内心也一定会绽放出花朵。

每次踏入厨房时，我都会在心里许下一个心愿。

北京法源寺的丁香

　　如果是做给工作忙碌而疲惫的家人，我就在心里祈愿，希望他吃到食物时，可以感受到身心的放松和宁静。如果是做给最近生活不顺的朋友，我会默默祝福，愿他借由这道美食，接收到爱的能量，鼓起勇气直面生活的挑战。

　　在做食物时，注入愿心。让善念如种子，随风飞扬，落地生根。

　　世界是一个巨大的投影，投影源在你心里。你是播种者，也是收获者。不要吝啬你的祈愿，无条件地将它撒播到每一个角落吧。让它像种子一样，在那里自由生长，自在欢喜。

　　在动手做食物前，让我们一起来播下祝福的种子吧：

"愿我亲手做出的美食，

充满光与爱。

愿它们能够携带着我深深的祝福，

将大自然最丰盛的能量注入每一个人心中。

愿吃到它们的人，身心安乐，快乐无忧，

品尝到生命的喜悦和美妙。"

果仁巧克力

　　醇美柔滑的巧克力，包裹着大颗的坚果和水果干，吃上一块便感觉能量满满，活力十足。装在晶莹剔透的玻璃瓶中，非常适合送给此刻需要抚慰的家人或朋友。

　　黑巧克力含在嘴中时是微苦的，咬开果干的一刹那甜美涌了出来。忧伤总会过去，快乐已然到来。

| 食材 |

天然纯可可脂 50克
生可可粉 4~5小勺
枫糖浆 1小勺
焙香的腰果仁 一小把
蔓越莓干 1大勺
葡萄干 1大勺

| 做 法 |

1 在盘中铺一张油纸，将四个
角向上折好。

2 取一个带把手的料理碗，放
入可可脂。小锅中放入水，
将料理碗置于水中，中小火
隔水加热，使可可脂完全
融化。

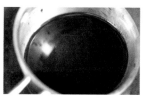 

3 向可可脂液中放入生可可粉
和枫糖浆，用迷你搅拌器混
合均匀。

4 把可可液倒在步骤1的油纸
上，均匀地在上面撒一层腰
果仁、蔓越莓干和葡萄干。

5 放入冰箱冷藏1小时使其凝
固。取出后掰成块，放在
密封罐中冷藏保存，随吃
随取。

料理 Tips

一般烘焙用的可可粉经过了高温碱化处理，损失了很多营
养。选用被誉为"超级食物"的生可可粉（Raw Cacao），
能够更多地获取可可豆中的维生素B_2、钾、镁、钙、铁
等元素。

丑果的丰盈

在各类平台订购新鲜蔬果的时候，我很喜欢购买其中的一个类别——"丑果"。

丑胡萝卜、丑西葫芦、丑白萝卜、丑番茄、丑茄子、丑苹果等，这些前面有"丑"字的蔬果，价格会低很多。每次我都会优先选购"丑果"，因为在我看来它们非但不丑，还很可爱。

它们与那些"不丑"的果实本质上并无分别。同样的营养，同等的品质，只是外表不同而已。不一样，不代表着丑。而趋同，也不代表着美。那什么是丑，什么又是美呢？当我看着这些大小不一、形状奇特的果实时，不禁在心里思考这个话题。

好与坏、美与丑、高与低、聪明与愚笨、优秀与平庸、富足与匮乏、高贵与卑微。每时每刻，我们都在比较与被比较中，在评判与被评判当中。好像对于任何事物，都有一个标准答案摆在那里，只能依据它来下定义。

每当我被卷入二元对立中时，就会想起那些来到我生命中的"丑果"。

正如蒋勋所言："美，只是回来做自己。"仅仅是做自己，简简单单地做最真实的自己，生命的美就足以绽放出来。

"丑果"只是静静地挂在枝头，或埋藏于大地，并没有为了寻求他人的喜欢而改变自己。它既不自卑，也不讨好，更不去迎和。它相信总有一天，会遇见真心欣赏它的人，读懂它美丽的灵魂。

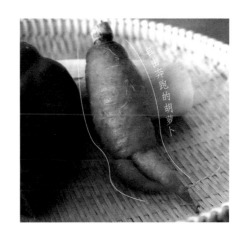

每一颗果实，都拥有与众不同的外表与个性。每一个生命，都是宇宙中独一无二的存在。它不可以拿来相互比较，因为璀璨的星光各有其美。

刷洗胡萝卜表皮上的泥土时，被它有趣的样子一下子逗笑了。它的下半段自然裂开像两条腿，其姿态如同在欢快地奔跑。它是活泼的、生机盎然的，更是自由的。世间的美与丑好似与它毫无关联，它一点也不在乎，只是快乐地向前。

愿我们每一个人的生命如"丑果"般，自信且丰盈，美在其中，乐在其中。

关东煮

雨天，在家用素高汤做了关东煮，吃完身上暖乎乎的。

日本一家机构做了个调查，询问大家最喜欢吃关东煮里的哪种食材。排名第一的是大根，也就是白萝卜。煮到近乎透明的萝卜段，用筷子就可以轻松夹开。鲜美的汤汁完全渗入其中，吃起来甜鲜滑润，着实惹人怜爱。

冬天如果碰到有"丑白萝卜"售卖，我定会毫不犹豫地买回家，做成美味的关东煮。外表看似不那么完美的白萝卜，煮后的滋味毫不逊色，好像还透着一丝桀骜不驯呢！

| 食材 |

白萝卜 1根　　　　糖 1小勺
黑魔芋 1整块　　　盐 少许
白魔芋丝结 4个　　香菇高汤（见P82）1杯
生抽 2小勺　　　　水 适量

| 做法 |

1 白萝卜洗净，去掉根部，切成四五段。削去厚厚的一层皮。萝卜皮可以留着凉拌用。

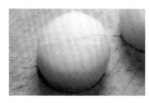

2 萝卜段的两面切十字（约5毫米深），将上下的口沿削圆。这样即便煮得软烂，形状也可完好。

3 锅中放入萝卜段和清水，煮开，转小火煮10分钟捞出。

4 魔芋块切成三角形，正反两面都切上花刀。

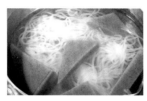

5 锅中加水，煮开后放入魔芋块和魔芋丝结，中火煮3分钟后捞出。

6 取一口砂锅，倒入香菇高汤、糖、生抽和盐，品尝后稍作调整。放入处理好的萝卜段、魔芋块和魔芋丝结，加入没过食材的清水，中大火煮开。转小火再煮30分钟。

7 关火，用余温继续焖4~6小时，待其入味。再次开火，中火煮开后转小火煮15分钟即可。

料理 Tips

关东煮的美味之处在于"入味"，所以建议用保温性好的砂锅来煮。无须用小火不停地煮，关火后静置数小时，汤汁和味道会缓慢地渗透到食材中。

用双手触碰食材

一直觉得"不时不食"是一种很美的饮食智慧。

大自然的美丽与优雅，体现在四季的流转中，也藏在每一季的蔬果里。应季食物蕴含了自然界最丰富的养分和祝福，滋养并疗愈着我们的身心。

清甜娇嫩的豌豆，带着春的气息。手剥豌豆的时间，奢侈而美好。

前几日，从农家选购了五斤云南高山青豌豆，翠绿水灵的豆荚透着春天的生命力。北京的春天，褪去了冬日的硬朗，晚风已开始变得温柔。眼前是满满三大盆带荚的鲜豌豆，我们坐在餐桌前，小心翼翼地一个个剥开。

剥豌豆需要时间和耐心，正好可以磨炼平日里焦躁的心。手指碰到豌豆荚的一刹那，我强烈地感觉到它是一个活泼又有内涵的小生灵。表皮冰凉光滑，内在仿佛孕育着新生。

一粒粒饱满的青豆依次从豆荚中滑落，"砰"的一声掉落到碗中。用双手触碰食材，亲手一粒粒剥出的豆子，有着市售冷冻豌豆所没有的温情。

当你有过用心和食物相处的经历就会明白，有些美好只能自己花时间才能获得，别人无法替代你走完这个旅程。

鲜嫩的豆子无论怎样料理都不会出错，何况是亲手剥出的呢？我喜欢尝试各种豌豆的做法，探索出既能保留食材本味口感又丰富的食谱。豌豆菌菇焖饭、豌豆黄瓜饭团、豌豆时蔬比萨、椰奶豌豆泥等，这些菜品简单、清爽又美味。

每年的豌豆季，我都会留一碗鲜豌豆不剥开，保留豆荚，来做清水煮豌豆。

把豌豆荚放入锅中，稍微烫煮一下，不加任何调味料。等冷却到不烫手的温度时，拿起一个放进嘴里，轻轻一拽，嫩滑的豆粒和柔软的豆荚内层一并滑落。

咬下去清甜多汁，混合着豆香、甜香和青草香，满满都是春天的气息。

清水煮豌豆荚

当你用手触碰豆荚时，你能感觉到它的柔软与弹性。当一颗颗豆粒从指间滑过时，你会感受到它们饱满的生命力。伸出双手，用心感知食材的温度和质感，会帮助我们把身心调整到与自然果实和谐一致的状态中。

蔬果不语，却用他们灵动的生命给予我们活力与能量。每当想到食物的这份爱，就觉得手剥豌豆的夜晚是无比珍贵的记忆。轻柔地掰开豆荚，剥落豆子，任时间一点一滴地流走。逝去的是时间，留存的是自然的馈赠。

鲜豌豆胚芽米饭

除了清水煮豆荚外，豌豆饭是我最常做的豌豆菜品。单纯的食材，简单的烹调方法，往往可以品尝到食物最本真的味道。天然淳朴，静谧温暖。

当你既想获取糙米的营养又想要精米的口感时，胚芽米是一种很好的选择。它保留了大米中的胚芽精华，吃起来松软可口，而且容易消化。

| 食材 |

鲜豌豆粒 半碗
胚芽米 一碗
水 适量
盐 一小撮

| 做法 |

1 剥开鲜豌豆翠绿的豆荚，取出豌豆粒备用。

2 将胚芽米轻柔快速地淘洗两遍，控干水分。倒入煮饭用的水，水位约高于米一个手指关节。浸泡30分钟，让干燥的米粒充分地吸饱水。

3 把米和水倒入锅中，加入一小撮盐，最后铺上一层鲜嫩的豌豆粒，按平时煮饭的时间煮熟。

4 关火后闷10分钟再打开，用饭铲从下往上将豌豆饭翻松。

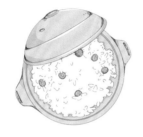

料理 Tips

用陶土烧制的砂锅焖豌豆饭，米饭更富弹性，更能凸显出豌豆的鲜嫩与清香。

不用力的料理

坚持写晨间笔记有两年时间了，这是一个特别好的方式，能唤醒尚未苏醒的灵感。

不用费心地措辞，也无须关注语句和段落是否漂亮，只是当下内在的自然流露。正是这件小事，让我重拾纸笔的美好。一个晴空万里的早晨，一张木桌，一个笔记本，一支钢笔，一颗沉静的心，一页无人知晓的心事。

反正是写给自己的，又何须在意他人的眼光呢？

当你放轻松时，灵感常常会光顾。当你不刻意追求做出一顿完美的料理，往往会在不经意间收获绝妙的巧思。不过分用力，才能将时蔬最精华的滋味恰到好处地呈现出来。执着于某一种特定的色泽或味道，也许会失去一道菜最自然的美。

心理学中有一个名词叫作"南风效应"。它讲的是南风和北风比赛，看谁的威力更大，能先让路人脱去外套。北风使出全力呼呼地猛吹，不但没有刮跑外套，行人反而把衣服越裹越紧。南风温柔地吹着，此时天气暖洋洋的，人们自然地脱去了外套。

无论对待生活，还是对待食物，如果我们都能如南风般轻柔拂过，结果一定会比北风来得甜美。有时太想要，反而会得不到。过于强硬，也许会适得其反。急于求成，多半会事与愿违。不如让自己与微风为伴，像水一样顺随，以柔软放松的心态面对一切。

每做一道菜之前，在心里默默地提醒自己：不过度调味，不用力表达，不刻意彰显。

也许最终端出的菜肴是给他人吃的，但料理的过程只属于自己。这份贯穿始终的喜悦，也只关乎自己的内心。他人的反响固然重要，可如果太在乎外界的评价，就会失去内在稳固的中心。有时甚至搞错了方向，开始向外求，为了得到称赞而用力过了头。舍本逐末，终会遗失真心，徒有其表。

允许自己真实地表达，也允许食材自然地呈现。允许自己放松下来，释放紧绷。允许自己犯错，敢于尝试。相信如此轻松自在的你，一定能够做出让自己和他人都发自内心喜爱的菜肴。

南瓜土豆泥

提起秋天的时令风物，相信很多人会第一时间想到南瓜。或橘红，或碧绿，或香甜多汁，或粉沙软糯，无论哪一个品种的南瓜都能轻而易举地俘获人心。

京都大原三千院的山脚下，有一家清新自然的素食自助餐厅。在那里我吃到了第一口就令我惊艳的土豆泥。松软的土豆泥里，包裹着大块的板栗南瓜。南瓜

虽然保留了墨绿的外皮，但细腻无渣，甘甜可口。

这是一道柔软自在的菜品。无论是质地口感还是料理过程，都无须用力，只要保持放松的心情就一定能够做好。

| 食材 |

手掌大小的南瓜 1块
土豆 2个
黄瓜 半根
胡萝卜 半根
法式粗粒黄芥末酱 2小勺
盐 适量
现磨黑胡椒碎 少许

| 做法 |

1 南瓜隔水蒸熟，取出后用勺子压成泥，保留一些块状更好吃。

2 黄瓜切薄片，加少许盐腌5分钟，挤出水分，用清水冲洗一遍，再次挤干水。胡萝卜切丁或半圆片备用。

3 土豆切大块，冷水下锅煮开，中火煮至内部绵软，取出沥干水分压成泥。

4 取一个大盆，放入南瓜泥、土豆泥、黄瓜片和胡萝卜丁，加入法式粗粒黄芥末酱、盐和现磨黑胡椒碎，用力搅拌均匀即可。

料理 Tips

土豆和南瓜不用全部碾成泥，适当保留一些块状，吃起来会更有层次感。

第四章

放轻松，
享受自由的
料理之旅

相信手中的食材，
放下想要控制的心。
勇敢地尝试与创新，
探索出自己独一无二的风格。

旅行中，别忘了菜市场

很喜欢加缪曾说过的一句话："要了解一个城市，较简便的方式是探索那里的人们如何工作、如何恋爱、如何死亡。"[1]

每到一个城市，我更愿意尝试抛开它极力想要呈现给你的样貌，撕开一个个外界贴在它身上的标签，单纯地跟随内心去发现它的美。

短期的旅行也许无法让人深入了解一个城市，但前往当地最朴实的角落，感受炙热沸腾的烟火气，能使你领悟到这座城市季节性的味道。菜市场，就是这样一个神奇的存在。

在云南丽江时，我一周去了三次忠义市场，每一次都是一段崭新的感官之旅。

小城的巷子蜿蜒错杂，第一次看着手机导航找路费了一番周折，一不小心就会走错路。回来时发现了一个绝妙的法子——跟着背空竹篓的当地人走。于是后面几次去市场，都是在路上寻找背竹篓的身影，只要跟在后面就大可放心，不用担心低头看导航而错过古城清晨的美景。

客栈的老板说："在丽江，你能同时感受到纳西人的淳朴与直爽。既然决定留在一个城市生活，就要接受他的好与不好。"当时我不太理解，后来在忠义市场里得到了些感悟。

---

1 摘自《鼠疫》，上海译文出版社2013年版，［法］阿尔贝·加缪著，刘方译。

丽江忠义市场

在不加粉饰的菜市场中，你能够看到一个城市最原始的面貌。

固定摊位的商户，对于只看不买的游客已司空见惯。要是碰到只做本地熟客的老板，像我这样好奇的人多问上几句，就会被"不买就别问"的话冷不丁地呛回去，只好战战兢兢地火速拍几张照片离开。于是只要我买了谁家的菜，就会抓住机会猛问上一通。现在想来，商户的不讲情面，恰恰是这里的淳朴可爱之处。

我最偏爱的是路边的小摊位。附近村民自家种的菜如果吃不完，就拿到市场来换钱。卖菜的奶奶穿着纳西族传统服饰，用草绳把菜扎成一捆，品种不多，但收拾得特别用心。问上一句，就会笑容慈爱地告诉你这菜怎么吃，听得人心里暖洋洋的。

若以艺术家的眼睛逛菜市场，沉睡的感官会被植物界斑斓的色彩激活，迸发出源源不断的灵感。若以美食家的视角触摸沾满晨露的菌子，脑中自然会浮现出千变万化的料理食谱。

在菜市场中，任何人都可以轻而易举地找到创意的源泉。因为那些鲜活的果蔬，来自天地的馈赠，是生命的源头。

梅干菜炒饭

　　在绍兴旅行时，特意在安昌老街留宿了两晚。晨起推开木窗，一旁的酱园飘来浓郁的发酵气息。除此之外，还有一种气味似有似无，若隐若现。走到街上才明白，原来那是梅干菜特有的香气。

　　梅干菜是绍兴菜中常见的美味，古镇里家家户户每年都会自己晾晒梅干菜。我在巷尾的市场里买了一大包带回来，用它做的梅干菜包子和炒饭香气浓郁，总能令人回想起老街的清晨和夜色。

| 食材 |

梅干菜 一小把
胡萝卜 半根
凉米饭 1碗
食用油 少许
老抽 1小勺
生抽 1小勺
糖 一小撮
盐 少许

| 做法 |

1 梅干菜冲洗干净，放入水中
  泡20分钟。

2 胡萝卜洗净，切成碎丁。梅
  干菜沥干，切碎。

3 锅预热后倒油，放入胡萝卜
  丁，中火煸炒一会儿，再放
  入梅干菜碎翻炒。

4 加入糖、老抽和生抽翻炒，
  倒入米饭继续炒，用铲子垂
  直向下打散饭粒。

5 再加入少许盐，翻炒均匀后
  即可盛出。

料理 Tips

梅干菜亲油不亲水，炒梅干菜时油量可以稍微多一点，
香气会更浓郁。一定不要加水焖，否则味道会大打折扣。

放轻松，生活是一场游戏

如果把厨房比作一个场所，你会想到什么呢？

实验室？食堂？还是考场？也许你会联想到各种各样的词语和场景，选择一个你觉得最贴切的，不管它听起来有多么奇怪或疯狂。在这个词语里，藏着你与厨房最真实的关系。

有人把厨房视作实验室，在里面进行五花八门的尝试，充满惊喜，也挑战不断。有人认为厨房好比学校的食堂，是个迅速填饱肚子的地方。而对有些人来说，厨房里谜题密布，像一个需要全力以赴备战的考场。

每个人与厨房的关系都不相同，需在一蔬一饭中不断探索和疗愈。

在这段关系中，放轻松比时刻紧绷更能令人身心愉悦。无论对于我们自身，还是手中的食物，试着放轻松都会产生意想不到的好处。厨房不是战场，不需要把备菜搞得如同备战一般。

瑞士心理学家荣格曾提到："创造不是来自智力，而是源于内在需要的游戏本能。"

拘谨而严肃的心，不会萌生创意。只有当你允许自己完全放松，像孩子做游戏一样做饭时，内在的创造力才会被激活，你会从中获得最大的快乐与满足。

当你以孩童般纯真的心走进厨房时，眼前的厨房会像一个五颜六色的游乐园，到处都是新奇又好玩的游乐项目。在这里，你可以

圆面包的微笑

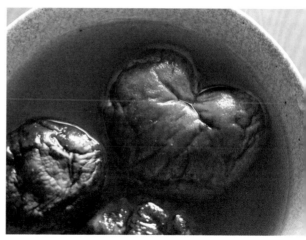

干香菇泡发后，有一朵舒展成了心形

随心所欲地尝试，尽情地玩耍。摔倒了就爬起来继续奔跑，玩够了就换下一个项目。不会有人苛责你，也没有人嘲笑你。

于是，在全然地放松中你开始萌生出许多有趣的创意。寿司海苔剩了几张，不如打成海苔粉来烤饼干吧！沙拉汁里的醋放多了有点酸，不然切几片红富士苹果放进去添点甜吧！总是用中式面条做麻酱凉面，今天换成意大利面试试看吧！

你发现，奇妙的事情开始在厨房里发生。灵机一动的想法非但没有搞砸你的午餐，反而收获了一个新食谱。在一次又一次的"厨房游戏"中，你变得越来越有活力，不仅能够自信地处理食材，还很喜欢迎接挑战。

也许有的时候，创新的想法看似并没有展现出令人满意的效果，告诉自己，不要放在心上。偶尔的偏差不能说明你做错了什么，只是一道菜而已。即便没有做出理想中的菜品，至少在无拘无束的创造中你收获了快乐。

放轻松，生活是一场有趣的游戏，一次充满惊喜的探险。在厨房里，就让我们暂时忘掉结果和目的地。一路寻宝，大步向前，尽情地发现与探索，永无止境。

桂花鸳鸯椰奶茶

每逢金秋，南方许多城市就又到了桂花飘香的季节。

走在街头，就能闻到阵阵甜蜜的幽香。玻璃瓶里，还留有前年从阳朔带回的干桂花。打开瓶盖，清芬袭人，仿佛那座小城的故事仍在耳边回荡。

古人把用四季花卉制成的菜肴或点心，称作"花馔"。手冲桂花咖啡、桂花枫糖浆、桂花陈醋、桂花山药糕、桂花藕，这个桂月，我也尝试着以桂花入馔，做了各式桂香小食。不拘泥食谱，过程轻松有趣，但愿能将桂花的芬芳与精华一并纳入身心之中。

| 食材 |

咖啡豆 20克

红茶 5克

干桂花 少许

椰子粉 3大勺

热水 600克

枫糖浆 少许

| 做法 |

1 将咖啡豆中度研磨成粉，红茶磨碎。

2 滤杯中放入滤纸或滤布，倒入咖啡粉和红茶碎，铺平，撒上干桂花。

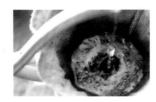 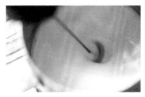

3 用90℃的水，在中央缓慢滴入，闷蒸10秒。然后以划圈的方式从中心向外沿、在大约一个硬币大小的范围内缓慢注水。在粉层上方留有1厘米高的水时，撤走滤杯。

4 杯中放入椰子粉、枫糖浆和热水（烧开后冷却两三分钟），用打泡器打出丰富的奶泡。

5 将冲好的咖啡红茶液倒入杯中，倒入步骤4的奶泡，品尝时用小勺搅匀即可。

料理 Tips

鸳鸯椰奶茶做好后，可以在表面再撒几朵干桂花作为点缀。晒干的桂花遇水则开，喝到一半时，桂花已全然绽放，漂浮于杯中典雅美丽。

放下想要控制的心

安昌古镇的清晨，空气里都是梅干菜和笋干的味道。

整个古镇依河而建，用十七座桥连接。铺子大多开在河的一侧，已被旅游团第一批来访的游客围得水泄不通。河的对岸，有一个小小的寺庙。朱红色的门虚掩着，可以听到寺里的僧众在诵经。

我避开熙熙攘攘的人群，来到寺庙门口的石阶上坐了下来。看着来往的游客，听着空灵缥缈的诵经声，这一刻我的心中一片寂静，忽然哪里也不想去，也不知该去往何处。

从绍兴之行开始，我不再提前做旅行攻略，不强迫自己一定要去什么地方。有一个奇妙的开关可以帮助我们进入宁静，那就是放下控制。

每个人内心中都有一块宁静而肥沃的土壤。在宁静中，你可以无拘无束地做你自己，自由自在。我想要放下对生活的控制，对自己的控制，对他人的控制。随走随停，在不经意间发现旅途中不一样的风景。

当我在厨房中练习放下控制时，我放下了对食材的强迫行为。那一瞬间，仿佛我和我的食物都自由了。我开始试着让食材引领自己去做饭，而不是严格按照预先设定的食谱去操作。

有时我只定下用番茄、蘑菇和芹菜做一道多汁下饭的菜，至于中间的过程是怎样，蘑菇切成片还是丁，番茄炒成酱还是保留小块，口味酸一些还是甜一点，都不去预设。我不知道这段旅程会发

烘烤时拱起的松茸片 自由生长的吐司

生什么，只是让食材带我去发掘。

往往当我抱着这样的心态做饭时，旅途开始变得有趣起来。我会做出一道从未想过的佳肴，一盘西班牙风味的红烩蘑菇西芹应运而生。不仅酸甜多汁，还充满异国风情。

做饭不是要去控制食材，而是与它们协作。

料理台上的蔬菜水果，不是我们的下属，颐指气使地对待它们不会起任何作用。它们是一个个蓬勃的小生命，有自己的个性和节奏。

最近我常有这样的感受，似乎每一道我特别满意的菜肴或甜品都不是由我主导的，而是食材引领我去实现了它们的梦想。我只是一个媒介，仅此而已。

自然中的蔬果是我的好朋友，支持我、抚慰我、疗愈我。我们是绝妙的搭档，亲密无间，心有灵犀。

每一道菜品，都是我们协作的结晶。我也逐渐明白，这是一个料理食物的最佳与最短路径。放下控制，丢掉自以为是，学会倾听，共同创造。

不必过于小心谨慎，别担心食谱之外的意外。放下即自由，在自由中拥抱每一个惊喜。

烤蔬菜盖饭

许多既美味又悦目的菜肴，都来自一颗轻松自在的创意之心。

烤蔬菜的品种不是固定不变的。随着季节的变换，可以依据自己的喜好来自由搭配，这也正是自己动手做饭的乐趣所在。

每次做烤蔬菜盖饭的时候，我都会以主角和配角的设定来选择蔬菜。

主角常常是土豆、胡萝卜和青椒，配角就随心而变了，甘蓝、菜花、豆腐、番茄、红薯、山药等轮番登场，各有特色。还可以加入香草和香料，迷迭香、罗勒碎、百里香、孜然粉、辣椒粉等，调配出特色的异域风味。

料理 Tips

甘蓝类是特别适合烤制的蔬菜。无论是绿甘蓝还是紫甘蓝，烤过后都会变得很甜美。但是绿甘蓝不要掰成片状来烤，尽量保留多层，整体切成大块烤制。因为绿甘蓝很软很容易熟，如果是片状的话，很容易烤焦。紫甘蓝比较硬，可以用大片来烤。

| 食材 |

A

土豆 2个

中等大小的胡萝卜 2个

青椒、彩椒 各1个

紫甘蓝 半个

其他

初榨橄榄油 3大勺

盐 少许

生抽 2大勺

陈醋 1大勺

枫糖浆/红糖 1/2大勺

现磨黑胡椒碎 少许

熟白芝麻 1大勺

大米

水

| 做法 |

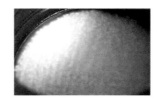

1 烤箱提前200℃预热。淘米并焖煮米饭，米与水的比例约为1：1.2，具体用量自己决定即可。

2 将A中的蔬菜切成一口大小。胡萝卜和土豆切滚刀块，青椒、彩椒和紫甘蓝切成不规则的块。

3 烤盘中铺好油纸或锡纸，将步骤2切好的蔬菜全部倒入盘中。倒入橄榄油，撒入盐，磨一些黑胡椒碎。用双手将调料与蔬菜混合均匀，让每一块蔬菜都被均匀地包裹住。

4 200℃烤30~40分钟。中途用筷子或铲子翻动一下，这样烤得更均匀。当蔬菜的表层烤至微微泛着金黄色时，就可以取出了。

5 取一个小碗，倒入生抽、醋、枫糖浆（或红糖），混合均匀，调成酱汁。尝一下咸度和甜度，按自己的口味来调整。调味时，调到尝起来觉得偏咸一点，因为后面还要与烤蔬菜及米饭搭配起来吃。

6 烤好的蔬菜先不要盛出来，趁蔬菜还热的时候，把调好的酱汁全部浇在上面，翻拌均匀。再尝一下味道，如果淡的话，可以撒一点点盐，拌匀。

7 选一个口径大一些的碗或盘，盛入煮好的米饭，轻轻地把米打得松散一些；把调好味的烤蔬菜从烤盘中盛出，放在米饭上。撒一些炒熟的白芝麻点缀，增加香气。

食物可以完成自己

休息日的下午，不慌不忙，用砂锅慢煮了一锅陈皮红豆沙。

红豆提前浸泡一夜，第二天上午沥干水分，放入大号砂锅中加水煮。第一道煮开的水要倒掉，可以去除豆皮的涩味和杂味，这是确保红豆沙味道纯净的重要一步。

五年陈皮用热水泡开，刮去白色的内瓤，连同泡陈皮的水一同倒入锅中和红豆一起煮。

砂锅的保温性好，无须全程开着火。煮开后就可以关火，闷上1小时后再打开继续煮。如此反复两三次，直到红豆软烂出沙。此时的豆子可以用勺背轻松碾碎，汤汁也变得黏稠。

相信食材，用心感知

最重要的过程，往往是那段你看似什么都没做的时间。

当我觉察到这个奥秘之后，似乎与食物贴得更近了，很多事情也能够更轻巧顺利地完成。

关火闷煮的时候，红豆在持续地加热渗透，慢慢地吸水松弛，使得豆子在后面可以变得绵软。如果一直在火上滚，豆子时刻保持高温和紧张，得不到任何喘息的机会，水分还会被迅速耗尽，反倒不容易煮烂。

欲速则不达。有时慢下来甚至停下来，实则是一种前进。在厨房里，我们常常忽略"不做"也是一项非常妙的烹调技巧。

记得刚学做饭时，总想去翻动锅里的菜。这也许是初下厨者的通病吧。总想要去翻炒查看，源于心里没有把握。没把握，是因为对食材和火候缺乏了解。不了解，就无法做到相信自己和食材。于是在灶台前毛毛躁躁，手忙脚乱。

后来随着下厨的次数多了，我逐渐学会了不打扰食物，也终于明白为什么之前炒的菜总是味道不好。

频繁地打开锅盖，使水蒸气提前流失。总去翻动，让蔬菜一刻也不得安宁。试想一下，当你正在一心一意做事的时候，旁边总有人过来和你讲话，或是问问你做得怎么样了，你也会有被打扰的感觉吧。

当一切准备工作就绪之后，食物便可以完成它自己。

你所能做的最好的事情，就是不去惊扰，用心感知，耐心等待。在你什么都没有做的这几分钟里，食材并没有休息。它们在蒸发多余的水分，锁住内在的营养，释放鲜美的滋味。

缓慢发酵中的亚麻籽欧包面团

一切都在自然而然地发生。请相信食物，如同相信自己一样。

陈皮红豆沙

在漫长的熬豆沙的时间里，可以问问自己："你相信手中的食材吗？相信豆子在你的精心料理下会变得细腻绵软吗？相信你将做出一碗甜美润心的红豆沙吗？"

陈皮和红豆都是温暖的存在，只要你相信它们，它们就会以自己的方式来呵护你。在一切变好之前，你只需要耐心等待。

料理 Tips

陈皮内侧的白瓤务必要仔细刮干净，不然经过长时间熬煮后，陈皮会出苦味，整锅红豆沙都会带有清苦的味道。

| 食材 |

红豆 200克   糖 2大勺

新会陈皮 2片   水 适量

| 做法 |

1 红豆洗净放在盆中，倒入
  没过豆子的清水，提前浸泡
  一夜。

2 陈皮放在碗里，用温水泡
  30分钟后，取出陈皮，保留
  陈皮水。

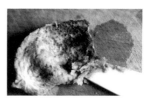

3 用刀轻轻刮去陈皮内侧的白
  瓤，切成细丝。

4 锅中放入步骤1中的红豆，
  加入没过红豆的清水，大火
  煮开，转中小火煮5分钟后
  关火。这一步可以去除红豆
  表皮的涩味和杂味。

5 倒掉煮红豆的水，冲洗一遍
  红豆，倒入熬豆沙的砂锅
  中，加入陈皮丝、陈皮水和
  足量的清水。

6 中火熬煮，煮开后加入糖，
  转小火煮15分钟，关火，利
  用余温闷1小时。反复两三
  次，直到红豆变得软烂、汤
  汁黏稠即可品尝。

7 如果喜欢喝细腻的红豆沙，
  可以盛出一半的红豆和汤
  汁，用料理机搅打。再倒回
  锅中，混合均匀。

你就在此时此地

夕阳下的厨房一角

炒枣泥，特别磨炼心性。心浮气躁的时候，五十分钟就像五个小时一样漫长。沉下心来，每一分钟都有滋有味。翻炒着琥珀色的枣泥，我告诉自己："你现在没有什么地方要去，你就在此时此地。"

每当我心急地做事时，总能听到一个声音在问我："这么着急，要赶去做什么呢？"是啊，急着去做什么呢？有什么事情比当下这一刻更珍贵呢？

> 露水的世，
>
> 虽然是露水的世，
>
> 虽然是如此。[1]
>
> ——小林一茶

读日本俳句诗集时，每一首短诗都如清泉般浸润着我的心田。

当下如露水，晶莹美丽，却极易滑落。一茶在痛失一岁半的爱女后写下了这首俳句，道出了人世的短暂与无常。

"虽然是……""虽然是……"诗中的两次转折好似两声微弱的叹息，又或许还有第三声、第四声。但在声声叹息的尽头，我仿佛看到了暗夜过后的曙光。虽然早已知晓世事如梦幻泡影，但内心还是哀痛不已。虽然不舍，但还是要放下。虽然过去如影随形，但生命始终活在此时此刻。

---

1 摘自《露水的世》，百花文艺出版社2019年版，［日］文泉子、小林一茶著，周作人译。

啖秋柿。

钟声何悠扬，

法隆寺。[1]

——正冈子规

俳句聚焦的不是遥远的世界，而是在你面前的这一瞬。

此刻的晨曦落日，此时的日常琐事，或是此地的自然景色。仅仅是这个片刻，再无其他。季节的温度，花的颜色，小鸟的叫声，饭食的味道。在人生的某一个时刻，品尝着秋柿的滋味，聆听着法隆寺传来的钟声，静谧安然。

俳句仿佛想要告诉世人，每一个看似微不足道的当下，都蕴藏着无穷无尽的美。

无论我们此时正忙碌于案头的工作，还是在厨房做着午餐，每一个瞬间都值得被用心对待。心系此刻，无须刻意寻找，美丽自然会浮现。吃饭时只是一心品尝着餐桌上的饭菜，先把工作的事放在一边，就能如实地品味出饭菜的美味，也就不会出现心不在焉或食不知味的情况了。

忙碌的工作，冗杂的媒体信息，繁多的日常事务，都市中有太多的事令人分神。也许我们很难做到每时每刻都全神贯注，但是哪怕只是一瞬间的全然投入，都能让当下熠熠生辉。

汤锅里——

银河

历历在目。[2]

——小林一茶

没有过去，没有将来。所谓的永恒，当下即是。

---

1 摘自《风雅俳句·正是麦秋时》，现代出版社2013年版，郑民钦著。

2 摘自《这世界如露水般短暂：小林一茶俳句300》，北京联合出版公司2019年版，［日］小林一茶著，
   陈黎、张芬龄译。

红枣核桃糕

这款点心的灵感及原型，来源于台湾很有名的南枣核桃糕。

有一天早晨，我从冰箱取出前一晚做好的红枣核桃糕。当窗外柔软的光线打在上面时，我忽然发现，切开后核桃仁的截面很像如意的把柄。我感到此时此刻的它，竟说出了我的心意。

愿制作和品尝到它的人，都可以吉祥如意，平安喜乐，圆满自在。

料理 Tips

炒枣泥时，可将果仁放在烤箱保温，加入前一刻再取出。翻拌时，动作一定要快，以免温度降低不易混合。

| 食材 | （可制作约26小块）

A
干红枣肉 200克
水 约150克
B
麦芽糖 100克
葡萄籽油 25克
熟核桃仁 100克
熟松子仁 20克
枸杞子 10克
C
木薯淀粉 25克
水 25克

| 做法 |

1 锅中放入材料A中去核后的
干红枣肉和水，煮至水分变
少，枣肉软烂。

2 放入搅拌机中打成枣泥，如
果太稠可加少量水。将枣泥过
筛去皮，留下琥珀色的枣泥。

3 不粘平底锅中放入枣泥，加
入材料B中的麦芽糖和葡萄
籽油，中火加热。当麦芽糖
化开后，开始用刮刀不停搅
拌翻炒。

4 将材料C中的食材充分搅
匀，调成水淀粉。当步骤3
的枣泥熬到黏稠时，转小
火。将水淀粉再次搅匀，倒
入锅中，快速翻拌。

5 继续中小火熬煮、搅拌，直到成团、枣泥不粘铲子。倒入材
料B中的枸杞子和提前烤熟的果仁，翻拌均匀，倒入铺好油
纸的模具中，加盖一层油纸防粘，充分压紧。

6 放入冰箱冷藏一夜，第二天
取出切块，放入密封盒中冷
藏保存。也可以一个个用糯
米纸包好，吃的时候不会粘
连更方便。

食在晚晴

　　刚烤好的饼干，并不酥脆。刚出炉的面包，并不松软。刚卤完的莲藕和豆皮，并不那么入味。

　　许多事物的美不在伊始。

　　有些食物趁热吃最好，有些则反之。美味不一定非要趁早，晚一些放晴的天空依然湛蓝明澈。当有了时间这一维度的加入，万物变得妙不可言。沉淀的时间里，酝酿出等待的滋味。你需要有足够的耐心，静静地守候，等待雨后初霁。

　　南瓜子是不用刻意买的，买一只大南瓜就好。

　　刚挖出的南瓜子湿漉漉的，粘连着许多南瓜瓤。这时如果放在水里去洗，会花费很长时间，且很难去除干净。以前我就是这样，后来看到父亲总能轻松收获一盘干净的南瓜子，问其原因才知道，原来秘诀是——南瓜子挖出后先不要洗。

　　不要在意黏在上面的少许瓜瓤，把南瓜子放在盘子上摊开，放到阳光充足的地方晒几日。等完全晒透后，瓜瓤会变得轻薄酥脆，放在袋子里一搓就全下来了，得到滑溜溜的南瓜子。

　　父亲处理南瓜子的方法点醒了我。等待，是为了在最好的时机绽放。

　　南瓜子是种子，而种子深谙悄然等待的道理，也最擅长等待。它曾耐心地等待过一阵风，或是一个种植者。在漫长的等待后，迎来的依旧是黑暗中的期盼。它在黑暗的土壤中，安静地孕育和蓄

慷慨富足的南瓜　　　　　　　　　　　　　　　　晒干后的南瓜子

力，静候破土而出的时刻。

　　在与食物相处的日子里，我逐渐学会了耐下性子等待。我开始明白"总会"，但不是"马上"。

　　这其中会有一个时间差，或短或长，有时甚至无法预知。被用心照料的植物总会长大，但不是马上。善念善举总会带来善报，但不是马上。付出了总会有所收获，但不是马上。

　　当你明白了"总会"，好像揪紧的一颗心突然可以安放下来，不再那么心急于"马上"。

　　葡萄干天然酵母，需要三到五日的守护。梅子露，至少要等待一个季的时间。味噌，需要一年的充足发酵。耐心的等待，是必不可少的料理步骤。你无须做任何事，时间会处理好一切，并成就食物美妙的滋味。

　　什么才是生命中的好时光呢？不一定在开始，也不一定在顶峰。它有可能来得晚一些，迟一点。但是没有关系，"人间重晚晴"。

　　美味定会生出，天总会放晴。静待好时光，日日是好日，时时是好时。

什锦卤味

夏天没有食欲的时候，就很想吃上一小碟香辣的卤味。卤豆皮、卤豆干、卤藕片、卤腐竹、卤海带、卤香菇，再配上一盘麻酱汁凉面，鲜香开胃。

好吃的卤味，都是经历过时间考验的勇士。催不得，急不得，只有耐心等待它在汤汁的浸泡中生出全新的自己。

当你尝上一片筋道入味的豆皮时，一定会由衷地感激它不懈地坚守，以及日夜守护它的自己。

| 食材 |

A

豆皮 6张

豆干 4块

莲藕 1节

B

食用油 1大勺

干辣椒 1~2个

花椒 1小勺

香叶 3片

桂皮 1片

白豆蔻 3个

丁香 6粒

小茴香 少许

糖 2小勺

老抽 1大勺

生抽 2大勺

盐 少许

C

香菇高汤（见P82）

适量

| 做法 |

1 处理A中的食材，豆皮切成宽条，豆干沿对角线切成三角形，莲藕去皮切片。

2 砂锅中放入B中食材，小火煸出香味。

3 放入步骤1中的食材，倒入C中的香菇高汤，用量需没过食材。高汤中的香菇也一起放入。

4 盖上锅盖，中大火煮开。开锅后转小火煮20分钟，关火。利用余温继续闷煮一夜，或者至少4个小时。

5 开火再次煮开，关火，卤好的食材捞出冷却后即可品尝。剩余的放入密封盒中冷藏保存，在2日内吃完。

料理 Tips

辣而不刺激的卤味都是辣中带甜的。汤底中加入适量红糖，既可以平衡中和麻辣的味道，又有帮助上色的作用。

保持独一无二的风格

有一种饭菜的味道会深入人的骨髓，那就是妈妈的味道。

这世上所有妈妈烧的饭菜，都有着相似的温暖和爱意，但口味上各有特色。没有一家炸酱面里的酱料和菜码是完全相同的，也没有一户的除夕年夜饭是一模一样的。正是因为花样百出的味道和样式，才赋予了家家户户与众不同的饭菜风味。

妈妈的味道之所以令人思念，在其中的深情，更在它的独一无二。无论你在世界的哪个角落，去到多么高档的餐厅，又或是寻觅到隐秘的小店，都无法尝到妈妈饭菜里特有的滋味。

妈妈们从不追逐潮流，她们在日复一日的厨事中不断摸索出自己的食谱和方法。十年过去了，五十年过去了，她们独到的烹饪技法成为后辈学习的宝贵经验。一代又一代，不断实践和改良，永续流传。家的味道，就这样流淌在人们的血液中，始终带着爱的温度。

时尚潮流就像龙卷风，来得快去得也快。红极一时的，很快就会烟消云散。

人们对网红新品爱得热烈，然后很快就厌倦，转向下一个时尚单品，永远不会满足和持久。所以速食快餐店会采用不断推出新品的营销策略，频率非常快，然后在人们生厌之前就火速下线。

舍弃一切不属于你的风格，不管它有多么受欢迎，受到多少人的追捧。你心里知道，那不属于你。

意面沙拉 充满气孔的天然酵母迷你吐司

赫尔曼·黑塞曾说："世界上任何书籍都不能带给你好运，但它们能让你悄悄成为你自己。"熏陶和模仿，是一个很好的学习过程。重要的是借由外物，让你成为自己。在找到属于自己的风格之前，模仿是必然的。但当你开始想要做真正的自己时，创造也是必然的。

生命是一种表达。表达你的态度，表达你的情感，表达你的愿景。尽情地表达自己吧，用你独有的天赋。

下一次做菜时，不要想着食谱书上的成品照片，将注意力集中在手中的食材上。练习瑜伽时，不要看别人，专注在自己的呼吸和体式中。跑步时，不要看那个从身边超过你的人，享受在平稳的步伐中。

总有人比你料理经验丰富，总有人比你柔韧性好，总有人比你跑得快，可他们都不是你。

始终跟随自己的步调，不要突然加速，也不要停下来。没有掌声不要紧，无论如何也要做独一无二的自己。

腰果芝士

　　等待比萨面团发酵的时候，我就会用腰果来制作芝士。不含乳制品的芝士，轻盈健康，吃起来不会让人有心理和身体上的负担。

　　厚厚的腰果芝士，浮在比萨五颜六色的蔬菜上，闪着乳黄色的光泽。能吃到清新的坚果香，清爽不油腻。

　　这是一款在外面很难吃到的芝士，一款属于你的独一无二的芝士。大胆地用各种植物奶变换出更多的风味吧！

| 食材 |

A
生腰果 半杯
水 适量
B
水 1杯
营养酵母粉 3勺
糯米粉 2勺
盐 少许
柠檬汁 1小勺
椰子油 1小勺

| 做法 |

1 将A中的生腰果置于清水中，提前浸泡2~4小时。时间越长，之后打得越细腻。

2 将沥干水分的腰果倒入搅拌机中，加入B中所有食材，充分搅打均匀。

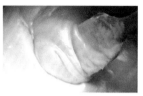

3 倒入小锅，中火边搅拌边加热。变得有些黏稠的时候，转小火继续搅拌。

4 等到非常黏稠时，关火即可。[1]

料理 Tips

放入搅拌机中的腰果和水，也可以直接用豆奶或椰奶替代，风味各有特色。腰果芝士的个性更随顺，本身没有太强烈的味道。椰奶芝士的个性很鲜明，有浓郁的椰子香。

---

1 若一次吃不完需放入冰箱冷藏，可以放一两天。或放在保鲜袋里压平，冷冻保存可以放得久一些，取出来切丝就可使用。做好的腰果芝士可铺在比萨或面包上，烘烤至微微上色即可享用。

153

时间，是一瓶醇厚的调味料

厨具和人一样，也会随着时间慢慢变老。

切完红心火龙果的案板上留有淡淡的玫红色，要很多个日夜才能褪去。砂锅底部布满了焦黄的烧痕，作为它燃烧过的证明。汝窑盖碗的开片处被茶汤染成褐色，记录着每一次的茶水相逢。

我一向觉得这些痕迹很美。它们是岁月流经我们的印记，藏着使用者的爱怜。

在时间的溪流中，果实日渐丰美。从青涩到成熟，加了时间这一助缘，整个过程变得缓慢而优雅，醇厚而芳香。若少了等待的过程，便少了珍惜，也少了惊喜。

这几年一到暮春时节，心里就像装着一桩大事要办似的。不时询问着农家今年的梅子什么时候下来。心里盘算着梅子要怎么分配，梅子露、梅子醋和梅子酱油各做多少罐。

望着竹篮中一颗颗翠绿的青梅，记忆一下子回到了曾经走过的许多南方古镇。空无一人的小巷，能听见雨水拍打石桥的声音。在那里，最好忘记时间。

若能做到忘记时间，便可以着手酿梅子露了。

梅子露的做法很简单，材料也只需要梅子和糖而已。它的珍贵不在于原料和工艺，而在于陪它度过春夏的自己。你要让心慢下来，慢到可以用一季的时间，等待一罐梅子露的熟成。

刚开始很心急，每天总想去看看它们。慢慢地我开始耐下性子，

去除梅蒂

冰糖梅子露

静静地等待，憧憬着开封之日的喜悦。

　　每年我都会做两种梅子露，黑糖的和冰糖的。两种梅子露的风味各有千秋。黑糖的醇厚柔滑，层次丰富，热饮或冷饮都很棒。冰糖的清甜酸爽，能喝到青梅本身的香味，常温或冷饮更佳。酿好的梅子露滤出里面的梅子，把汁液倒入密封瓶中在冰箱中冷藏保存，可放半年至一年之久。

　　正是时间，使梅子露愈发地醇厚，在漫长的发酵中吐露芬芳。时间是艺术，孕育着美和创造力。时间也是生命，美丽而神奇。

　　都市的生活，仿佛容不得半点延迟。每个人似乎都想走得比别人更快，谁也不愿意停下来等待。怕落后，怕迟到，怕输了比赛。可当你提档加速，享受着超过旁边那辆车的优越感时，总会有另一辆车从你身旁飞驰而过，一下子消失得无影无踪。

　　不妨给自己一季的时间，放慢生活的步调，享受等待的美好。

黑糖梅子露

　　粉红色的樱花开满枝头，窗外满城飞絮，泡桐花飘来阵阵甜香，鲜嫩的花椒芽正值时令。每当看到这般光景，我知道，又到了酿梅子的时节了。

　　青梅之味，也是暮春初夏的味道。

　　酿梅的做法说来很简单，无非是一个浸泡、析出和发酵的过程。但是酿梅的关键点，在与梅子和时间相处的过程中。如同与人交往一般，需要很深的了解和很大的耐心。

　　特别是梅子露，待它要像对待一个刚出生的婴儿一样温柔和细心。静静地陪着它，在时间的酝酿中愈发醇美。

料理 Tips

做梅子露时，对梅子的选择比较宽容。运输中有轻微磕碰的梅子也是可以使用的。处理时，只需切除有伤的部分即可。但是，有大面积重伤的梅子内部已经腐坏，是不可以用来酿梅的。

|食材|（比例约 1:1，具体用量读者可自行决定）

青梅

黑糖（可用红糖代替，风味有细微的差别）

|做法|

1 将青梅挑去坏果和烂果，洗净后在清水中浸泡4小时，除去表皮涩味。

2 沥水后，铺平完全晾干。

3 用厨房纸巾擦拭梅子表面，去除残余水分。取一个牙签，轻轻撬一下梅子底部的蒂，就可以轻松去除。

4 梅子底部划几刀，均分六瓣。撬掉一小块果肉，便于汁液流出。

5 取一个消毒好的玻璃罐，一层黑糖一层青梅铺好。最上层的黑糖要厚一些，完全没过梅子，压紧，将盖子密封好。

6 从第二天开始，就会有汁液流出，开始发酵产生气体。所以做好后的前七天，每天都要慢慢地摇晃瓶身，让汁液包裹住最上层的梅子。然后打开瓶盖，排一下空气，再快速盖紧。

7 放置于阴凉处，两周后就可以饮用了。建议等待三个月后再喝，味道更加醇厚。酿好的梅子露，将汁液滤出放入冰箱，冷藏可存放半年至一年。里面的梅子可以当作黑糖话梅吃，酸甜开胃。

超越食材的限制

谁又愿意做别人的替代品呢？

每次在菜单上看到"素排骨""素鱼段""素鸡块"等素菜名称时，心中都会浮现出这个问题。

随着这几年素食文化的普及，都市里的素餐厅层出不穷。记得刚开始接触素食时，也是被各种色香味俱全的仿荤菜所吸引。当时觉得特别惊喜，这些熟知的菜肴原来没有肉也可以这样好吃啊。曾带外国朋友去过一家素餐厅用餐，他们完全不敢相信，这么香的饭菜里居然没有一丝荤腥。

但后来随着食素的时间久了，我渐渐对仿荤食物失去了兴趣，开始发现之前被自己忽略的蔬果五谷的原汁原味。

对于无肉不欢的食客和刚开始食素的人而言，仿荤食物的确是一个不错的选择。既能吃到从小到大熟悉的味道和口感，又能愉快地享用素食。但是，若想要真实地品味出蔬食天然本真的滋味，最好的方式是以它们原有的样貌呈现出来，如其所是。

每一种味道和口感都是独一无二的，并不会存在真正意义上的取代。

肉有肉的味道，蔬菜有蔬菜的清香，并没有谁是谁的替代品一说。与其将豆腐和蘑菇模仿成牛排的颜色和模样，不如直接做成豆腐蘑菇饼来得更纯粹。

我一直认为在蔬食料理中，所谓的替代，其实仅仅是替换某样食材的位置，而非味道。但我们可以替换某种食材，创造出新的搭配和风味。与其一味地模仿肉食的口感和滋味，不如充分发挥蔬菜和五谷杂粮特有的味道，如此才能更好地呈现蔬食之美。

在持续与食物的合作中，我逐渐学会了欣赏每一种果实独有的闪光点。这让我渐渐地敞开自己，从而有机会去超越食材带来的限制。

被限制的感觉，实际上来自觉得自己是不自由的信念，以及随之而来的失落和焦虑。

遇到这种情况时，不妨先在心里询问一下自己究竟是被什么限制住了？某样食材？还是某个味道？或是某种口感？这样一层层地追问下去，充分地解析，就能够以它为突破口，打破限制，不断提升。

宫保脆皮豆腐

很多朋友都对"宫保"口味的菜肴情有独钟。酱汁柔滑，酸甜中带着一丝麻辣，尤其下饭。

在素餐厅吃过用猴头菇或杏鲍菇做的宫保菜肴，味道很不错。我平时在家更喜欢用北豆腐来做，两面煎得金黄，吃起来表皮脆脆的，内部非常有弹性。再裹上绝妙的宫保汁，既能品尝到豆腐的清香，又不失口感。

| 食材 |

A

生姜 3片

花椒 少许

干辣椒 1个

郫县豆瓣酱 1小勺

B

陈醋 1小勺

生抽 2小勺

糖 1小勺

番茄酱 1小勺

盐 少许

水 适量

玉米淀粉 1小勺

其他

北豆腐 1块

食用油 适量

熟腰果仁/花生仁 一小把

熟白芝麻 少许

| 做法 |

1 北豆腐压出多余水分，切成块备用。

2 不粘平底锅预热后倒油，放入豆腐块，盖上锅盖，小火煎至两面金黄。

3 小碗中放入B中所有调料，搅拌均匀，调成糖醋汁。

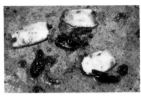

4 锅中放少许底油，放入A中所有食材，小火煸出香味。

5 倒入果仁和煎好的豆腐块，中火翻炒。

6 缓慢地淋入步骤3调好的糖醋汁，快速翻炒，让酱汁均匀地包裹在豆腐块上。待汁快要收干时出锅，盛盘撒上熟白芝麻点缀增香即可。

料理 Tips

香辣酸甜的酱汁是整道菜的灵魂。要想做出地道的宫保风味，煸锅时的郫县豆瓣酱是点睛之笔。不需要多，一小勺即可。

食物的气韵

深冬夜晚的厨房，是肉桂味的。

燕麦片混合了全麦面粉和巴旦木粉，加入椰子花糖和锡兰肉桂粉，用椰子油、葡萄籽油和椰奶翻拌成团。用手指轻轻捏成一颗颗球状，之后从中心向下按扁。烤箱里的肉桂燕麦饼干，如士兵般整齐地排列着。肉桂的香气甜甜的、暖暖的，像一张柔软的毛毯温柔地将你包裹。

烤好的肉桂饼干中有一种久远的气息，令人仿佛置身于安徒生童话的场景中。温暖的壁炉，冒着热气的红茶，摇曳的烛光，带着花镜的老奶奶靠在实木躺椅上睡着了。这是一个宁静祥和的夜晚，正如每一个寻常的夜一样平凡安宁。

当不同的食材汇聚在一起时，美食得以呈现，自然的美妙开始在你面前徐徐展开。食物的美，不在外表，而在气息之间。

欣赏书法作品时，我们常常讲要看字里行间的"气"。这种气看不见摸不着，但可以用心感知得到。气，是生命的本源，也是生命力的体现。因为有生气，所以才生动。因为生动，才有了美感和韵味。

食物里也有它的气韵。

这种气息和韵味，不只是菜品散发出的香气，或是一道菜外表看起来的样貌，而是从食物深处焕发出的生机和情意。

古老的气息，祖母的慈爱，妈妈的味道，家的温暖，泥土的朴

素，自然的清新，心灵的美好。有时是一种香气，有时是一个味道，有时是一丝声响，有时是一种无法言说的微妙感觉。眼耳鼻舌身意，通通被包裹在食物中，牵动着你深藏于心的记忆。

用心手作的食物之所以珍贵，在于它的美味，更在于它内在的生命力。在它里面，你能看见匠人专注的神情，也能感受到双手的温度。

与一切物品面对面，归根结底是和物品背后的人交流与沟通。机器是冰冷的，它生产出来的食物也是没有温度的。人是有情感的，他用心做出的食物是满载着暖意的。

从人到心，从心到物，每分钟都在变化。每个人的性格和气质都不相同，即使同一个人每分钟的心境也不会完全一样，所以每一件作品、每一道菜都是不可复制的。

食物中那无论如何都无法复刻的滋味，便是其独一无二的气韵，也是料理人身上特有气质的延伸。因为驾驭双手的，正是人心。

自家包的饺子，样子朴实，却有一种抵达人心的力量

肉桂燕麦饼干

我们应该拼尽全力地追求完美吗？在追求完美的路上，是否遗失了太多的纯真与快乐？每次在做燕麦饼干时，我都会提醒自己："不求一模一样的规整，但求独一无二的风采。"

手作的饼干，其珍贵之处在于人的心灵。

那一点点翘起上扬的边缘，那一小块微微焦黄的色泽，那一片如波浪般起伏的表面，都是手工的痕迹，也是生命燃烧过的印记。

|食材|（可制作约12块直径7厘米的饼干）

A

即食有机燕麦片 100克 　　椰子花糖 40克 　　葡萄籽油 20克

全麦面粉 80克 　　盐 一小撮 　　液态椰子油 10克

巴旦木粉 20克 　　肉桂粉 3克

　　小苏打 1克

B

椰子粉 1大勺

水 约65克

| 做法 |

1 烤箱180℃预热。在料理盆中，放入A中除了油脂外的所有食材，混合拌匀。

2 慢慢倒入葡萄籽油和融化了的液态椰子油，用双手将粉和油轻轻搓松散，这样烤出的饼干更酥脆。

3 将B中的食材混合，调成椰奶，也可以用水或现成的椰奶、豆奶替代。在步骤2的材料中以划圈的方式，一点点加入调好的椰奶，水量可以调整，以翻搅成团为宜。

4 不需要揉面团，用手取一团，揉成球。

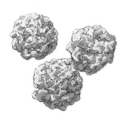

料理 Tips

刚烤好的饼干表皮还微微有些软，不要着急，让其在烤盘上自然冷却后就会变得酥脆了。

5 从中心往下用手指按扁，中间和边缘的厚度尽量一致，确保烤得均匀。依次码放在铺好油纸的烤盘里，留出空隙。

6 上下火170℃，烘烤20~25分钟。勤观察，留意不要烤焦了。

7 烤好后取出，让燕麦饼干留在烤盘上自然冷却，然后放在密封容器中保存即可。

第五章

厨房中的修持

安静地专注于眼前的厨事，
用柔软心和平等心对待
每一个细行。
日日精进，日日欢喜。

厨房即禅堂

日本茶道宗师千利休曾说："须知道茶之本，不过是烧水点茶。"大道至简，短短一句话中包含了很多层寓意。

茶道，是生火、烧水和点茶，再无其他。无须任何点缀，没有多余的动作，不加一丝杂念。与泡茶相似，做菜无非是洗菜、备菜和烧菜，仅此而已。可往往简单之处，也正是难做到的地方。

心无旁骛地泡茶和做饭，皆是修行。

微细的行为，最见人心。佛经中讲到细行，告诫世人要觉察每一个微小而纤细的行为。它们看似像尘埃一样微不足道，实际上如同海洋般广阔深邃。

在厨房里，在餐桌前，每一个细行就像一颗颗晶莹的宝珠，串联起整段餐食时光。

"让厨房成为你的禅堂。"正如一行禅师所言，厨房是家中一个神圣的角落。它像一个枢纽，一头连接着大地，一头连接着家。而做饭的人，用爱把它们连接起来。于是，家的温暖让这里的每一处都焕发出光彩。

安静地专注于眼前的厨事，用柔软心和平等心对待每一个细行，不慌张，不匆忙。尽力去克服自身的散漫和懒惰，在清洗、切菜、调汁和煸炒中磨砺自己的心性。做每一个动作时都要提醒自己不可怠慢，绝不能敷衍了事。

对我来说，厨房中的修持难在从一而终的专注和耐心。

耐下心来滤净豆渣

　　我不是一个天生就很有耐心的人。耐心，是我一直以来的一个课题。散乱的心犹如一只上蹿下跳的猴子，很难驯服，古人说的"心猿"正是这般吧。有时看似在切胡萝卜丝，心里却已经开始筹划一会儿的豆腐是麻婆还是凉拌。心一乱，气就躁，更加没有耐心，甚至想草草了事。

　　然而是你的功课早晚都要做，逃避是不起作用的。唯有"在事上磨"，不断地训练自己专注于眼前，在琐碎的厨事中培养耐心，相信终有一日能够降伏其心。

　　在修行的路上，我们不断地修正自己的行为，修剪内心的杂草，修复那颗在世事中磨得伤痕累累的心。借由每日的修正、修剪、修整和修复，开始真正地了解自己，理解他人，以及探索世界万物。正因为这样，那些原本被称为瑕疵的裂缝，也变得迷人起来，开始有光照射进来。

　　从今往后的每一天，我都希望自己能够恭敬地清洗双手，系上干净的围裙，怀着愉悦的心情，迈着轻柔的步伐走进厨房，带着爱意开始这一餐的修行。

自制酸浆豆腐

    杉木的豆腐模具到了，迫不及待地泡上黄豆，第二天早起点了一块酸浆豆腐。自制的豆腐有一种买不到的味道，豆香浓郁，还带着淡淡的甜味。半块凉拌，半块"麻婆"，怎样做都很美味。

    做豆腐的每个步骤都不难，但每一个环节都需要极大的专注和细心。稍有差池，就会前功尽弃。珍惜每一次亲手做食物的机会，借此打磨自身，不断地修正自己的行为。

酸浆

料理 Tips

第一次做完豆腐后，将豆腐水留一些装瓶，发酵3天后就是酸浆。下一次做豆腐时，就可以直接用酸浆来替代醋水点豆腐。

| 食材 |

A
干黄豆 350克
水 3000克
B
白醋 40克
水 200克

| 做法 |

1 处理A中食材，干黄豆提前浸泡8小时以上。可浸泡一夜，第二天上午做豆腐。

2 泡好的豆子沥干，加入A中的水，多次用料理机搅打成生豆浆。

3 取一口深锅，用过滤袋或滤网滤掉豆渣，将豆浆过滤到锅中。

4 用勺子撇去最上层厚厚的浮沫。不加盖，开中大火煮豆浆。其间勤用汤勺搅动，以免煳锅。煮开后，转中小火继续煮两三分钟，依然需要用汤勺多搅动。煮好后关火。

5 将豆浆冷却至80℃左右，开始点豆花。将B中的醋和水混合均匀，分3～5次划圈倒入豆浆中，边倒边慢慢搅动。用量可以自己灵活掌握，直到出现大面积的豆花，且与水分离就可以停止。

6 盖上盖子，静置10分钟。开小火加热30秒到1分钟，继续让豆花充分凝结沉淀。棉纱布打湿，铺在豆腐模具上。将模具放在水池中或大盆里，把锅里的豆花和水一并倒入模具中。

7 提一下纱布的四个角，把四边叠好，盖上盖子。用手压一些水分出来，然后放上重物。静静等待20分钟后打开（压20分钟就是北豆腐的口感，想嫩一些的话只压几分钟就好）。

8 将豆腐倒扣，切块即可食用。

弯下腰，直面自己的骄傲

当我第一次跪下来擦地板时，我看到了自己的傲慢与自大。从那天起，每天我都会用半个小时的时间，接一盆清水，手拿一块厚厚的棉纱布，俯下身，跪着把全屋的木地板仔细擦拭干净。

这件小事，改变了我看待自己和他人的方式。

有时我也在想，为什么自己那么喜欢待在厨房呢？脑中会跳出很多回答，但似乎都不是最根本的原因。后来我找到了答案：因为在厨房里，让我觉得——我是我。

那个放松的我，那个自由自在的我，那个富有创意的我，那个认真的我，那个如孩子般真诚的我。在厨房里，我遇见了久违的我。

刚从广告业离开的那段时间，我很迷茫，我不知道自己是谁。我想要什么？我究竟要拿这一生来做什么？抛开曾经引以为傲的职业，撕掉广告人的标签，放弃一份稳定的工作，褪去五光十色的光环，我还拥有什么呢？

于是，我把自己彻彻底底地"流放"到厨房里。

厨房，给你一种奇妙的确定感，一种自信，一种抚慰。只要你专注地付出，就一定会有所满足。浸泡在厨房里的日日夜夜，我不再反复咀嚼过往，也不去忧虑明天，只想把手中的食物做好。

任何人只要走进厨房，就会被迫卸下伪装，摘下一切外在的标签，只能赤裸裸地做最本真的自己。

你的学术论文无法指导你煲汤，你的科研成就不能帮你把土豆丝切得更细，你排名第一的销售业绩没办法挽救一盘炒老了的空心菜。

在厨房里，没有国王，也没有乞丐。

你不再是高高在上的领导，没有食材排好队听你发号施令。当地板被洒上菜汤，你要弯下腰，蹲下来，亲手把汤水擦干净。在厨房里，没有人享有特权。你要低下洋洋自得的头颅，一丝不苟地洗菜、切菜、备菜，容不得半点马虎。

日复一日，我在厨房和真实的自己面对面，体验到一种从未有过的平静。

切菜时，我仿佛能听见自己的心跳声。削皮时，我看着过去的自己在一片片滑落。熬果酱时，那些微不足道的心事随着泡沫一起破碎。

直面自己需要莫大的勇气，但有充满生命力的蔬菜水果为伴，一切好像也没有想象中的那么难。只要你勇敢地迈出第一步，把自己全然地交付出去，那些鲜活又可爱的小生命会是你最强有力的后盾，帮助你走完发现自己的旅程。

用棉纱布认真擦地板

全麦凉皮

做凉皮是一件很有趣的事情。当你不了解的时候，会认为这一定是个非常复杂的大工程，完全不敢动手尝试。可当你认真学习每一个步骤并实践后，心里的石头仿佛一下子落了下来。

在厨房，类似的情形经常发生。很多食物做起来并没有想象中的那么难，只要我们肯放下内心的骄傲，以谦卑的心学习，以精进的心去练习，就一定会在食物中与真实的自己重逢。

| 食材 |

A

高筋面粉 150克　　　水 适量
全麦面粉 100克　　　酵母粉 1克
盐 1/2小勺

B

香叶 2片　　　小茴香 少许
花椒 3粒　　　水 200克
白豆蔻 1个

其他

食用油 少许

| 做法 |

1 将A中的面粉和盐混合，一点点加入水和成团，揉匀，醒半个小时。醒好的面团再次揉光滑，放入盆中。

2 盆内加水，把面团放入清水中洗面，不断地挤压、揉搓，直到水变成乳白色，将乳白色的面浆倒在另一个大盆中。重复洗面，直至水变清澈。

3 将乳白色的面浆静置沉淀至少4小时。

4 洗面剩下的面团，就是面筋。在面筋中揉入酵母粉，放于温暖处（25℃以上）发酵1小时。将发酵好的面筋上锅蒸熟，关火后闷5分钟再开盖。

5 面筋放凉，切成小块备用。将B中的香料和水煮开，放置冷却。

6 将步骤3中沉淀好的面浆上面的清水倒掉，保留约1厘米的水量。再混入半碗清水，用勺子搅匀。

7 锅中水烧开，不锈钢盘中抹油，舀1大勺步骤6的面浆倒入盘中，用夹子放入锅中，使其漂浮于沸腾的水面上，中火蒸，盖上盖子。另取一个不锈钢盘，抹油，舀入面浆。两个不锈钢盘交替使用。

8 当凉皮的表面开始冒大泡时，用夹子取出盘子，漂在一盆凉水上冷却。

9 十秒后，就可以用手轻轻地从边缘开始揭下凉皮，放在抹了油的盘子上。每一张凉皮都要抹油防粘。

10 凉皮做好后，切长条，加入步骤5的面筋和香料水。再放入喜欢的菜码和调料拌匀即可。

料理 Tips

加入了全麦面粉的凉皮更加营养健康，但是如果初次尝试怕失败，可以先全部用高筋粉来制作，等有经验后再混入全麦面粉。

厨事无常，当下即安

对于世间的无常，牛蒡最清楚不过了。

如果不立即泡入水中，切好的牛蒡丝前一秒还是洁白的颜色，紧接着就氧化成了黄褐色。

如同下笔无常，厨事也总是瞬息万变。在厨房里，没有一成不变的食物，也不会有恒常的味道。一切都在悄然变化着，在你完全不知道的时候。你无法预测，只能接受一个又一个的变化。

"不管你多么喜爱一样东西，都应该将它视为不稳定的。"阿姜查尊者曾用竹笋举例，阐明事物的变化性。

竹笋鲜美可口，但是你需要提醒自己它是不稳定的。那要如何验证呢？很简单，试着每天都吃竹笋。会有那么一天，你觉得竹笋不再像往常那样好吃了。于是你很快就爱上了另一种蔬菜，但最后它的结局会和竹笋一样。

没有什么外在事物是稳定的，就连我们的心念每时每刻都在摇摆。

每一刻蔬菜的状态都不相同，每一瞬间的你都不一样，每一天的厨房都是崭新的模样。既然意识到这一点，又要固执地抓住什么不放呢？无论是食谱配方、食材搭配，还是烹煮调味，都不必每一次都相同。实际上，也没有办法每次的味道都一模一样。

然而无穷无尽的变化，才是厨事中最美妙的地方。

因为一直在变化，才有了创意发挥的空间。因为无法恒久，才能让人珍惜。因为充满着不确定，才会令人心怀期待。

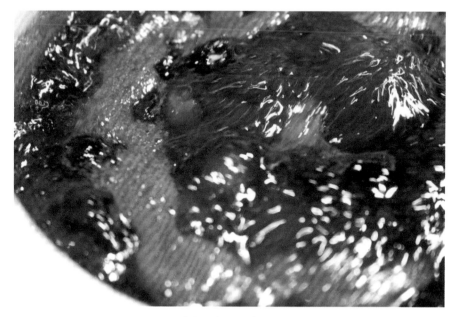

瞬息万变的蓝莓果酱

在变幻莫测的厨事中，没有稳定的酸与甜，也没有稳定的苦与涩。苦和甜可以相互转化，酥脆和软韧之间也常常发生微妙的变化。想要把它们紧紧抓在手里、牢牢锁定不动的想法，只会让自己焦虑不安，徒增烦恼。

当你的内在稳定时，外在才会稳定。心稳了，一切才会安稳。牛蒡依然会变色，酱汁的味道每次都和上一次不同，欧包裂开的花纹和想象中的不太一样，可是又有什么关系呢？

不必过于小心谨慎，别担心意外。

意外是个中性词，至少我一直是这样体会它的。它只代表了事物会出乎你的预期，但不一定是不好的。意外有可能是措手不及，也有可能是巨大的惊喜。

一切都在以当下最完美的方式运行，自然而美丽。

椰子豆乳酸奶

做这款酸奶，前后一共调整了六次配方，每一次都有新的发现。你无法每次踏入同样的河流，它总是一条新的河。

即使同一个人做同一道菜，每次做出的味道也是不一样的。你永远无法确保自己每次都做出一模一样味道的酸奶，它一直在流动，总会有新的面貌。

明天的椰子豆乳酸奶又会带来什么惊喜呢？生命因不确定而美。

料理 Tips

木薯淀粉也可以用葛根粉替代，同样能起到黏稠的作用，而且营养更丰富。

| 食材 |

A
纯豆浆粉 3大勺
水 230克

B
纯椰子粉 4大勺
水 240克

其他
椰浆 250克
糖 1小勺
木薯淀粉 2小勺
发酵菌粉 1克

| 做法 |

1 将A中的材料混合调成豆乳，将B中的材料混合调成椰奶，充分搅拌均匀。

2 木薯淀粉中加一点步骤1中的椰奶，搅匀。

3 小锅中倒入步骤1的豆乳和椰奶，再放入椰浆和糖。将步骤2的材料过筛倒入，全部混合均匀。

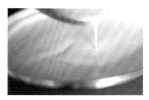

4 中小火加热，其间用勺子勤搅拌，小心潽锅。搅拌至非常黏稠，关火。

5 待其自然冷却，滴一滴在手背上。若不烫手，即可倒入发酵菌粉，充分搅拌。多搅一会儿，碾碎浮在上面的菌粉。

6 分装至消好毒的玻璃瓶中，放入酸奶机，发酵12小时左右。发酵好后，可以看到瓶盖上有凝结的水珠。发酵好的酸奶或许还有些流动，不用担心，放入冰箱冷藏4小时以上即可凝固，最好冷藏一夜。

从物品中获得自由

有时候，我需要的东西很多、很大、遥不可及。我想实现更多的梦想，去看更广阔的世界，拥有更美丽的人生。有时候，我需要的很少、很小、近在咫尺。一处安静的角落，一个蒲团，一杯温开水，一个有阳光的清晨，足矣。

这两个"我"当中，一定有一个真实，一个虚幻。究竟哪一个才是真正的我？是那个想要追求更多的我，还是那个满足于微小瞬间的我？

和母亲聊天时，她无意中说了一句意味深长的话："有些东西欣赏就可以了，不一定非要拥有。"回来后我反复思索这句话，它让我想去重新审视自己所拥有的物品。

你是否拥有某件物品并不是最重要的，重要的是把它放在心底欣赏。从物品中获得美的享受，让心灵得以解放，从而获得身心的自由。

人的一生，需要放下很多才能得到，需要得到很多才懂得放下。然而对于尘世中的我们而言，真正做到放下谈何容易。不要说放下内心的执念，就连放下一个喜爱的物品都非常困难。

热爱下厨的人，大多对某一类厨具有较深的执念。

有人喜欢收集手工匠人烧制的陶瓷杯，有人热衷于购买各式各样的锅具，有人看见精致的餐具就迫不及待想买回家。我自己也不例外，特别喜爱咖啡杯、茶杯、竹木餐具、玻璃收纳罐这些厨房用

压出豆腐水分时，可以灵活使用厨房里的
水果或罐子作为重物

提高物品的自由度，竹篮筐的一物多
用——沥水篮

品。如果在旅行中碰到一见钟情的
餐具，就控制不住想要买下来。当
时觉得非它不可，好像不买下来就
会抱憾终身，可实际上这些物品买
回家后又被珍视了多久呢？最近我
常常反思这个问题。

提高物品的自由度，竹篮筐的一物多
用——面包篮

　　厨房的空间宽敞一些，做起饭
来会更舒适。橱柜里的空间要有富
余，拿取物品时才会方便。内心要
放空，才能气定神闲地下厨。我们的内在和外在都要有足够的空间，才会轻安。
那要如何创造空间呢？其实无须更多，只需要变少。

　　过多的物品在屋内堆积，挤压了原本敞亮的房间。空气变得稀薄，光线变得
黯淡，数不清的灰尘开始聚集。日用即道，物品和金钱一样，只有在交换和使用
中才有意义。如果只是囤积而不使用，也从不欣赏它们的美，就失去了其最宝贵
的价值。

　　那些现在已无法令你心动的餐具或厨具，大可不必勉强自己，可以让它们流
动起来，去往喜爱并需要它们的人那里，让它们重获新生。在每一次的告别中，
也提醒自己，不要冲动购买，用心对待每一次与物品的相遇。

照烧天贝

照烧口味的菜肴深受大家青睐，但是外面售卖的照烧汁大多配料复杂，含有味精、焦糖色素等不健康的成分。

美味有时候可以很简单，不必增添过多的调味料助攻。生活也可以很简单，不需要太多华丽的奢侈品点缀。

一碗甜中带鲜的照烧汁，可以简单到只有两种调味料。当我们从物品和食材中获得自由时，人生也一定会随之改变。

料理 Tips

天贝容易吸油，如果想要煎得金黄酥脆，油量要比煎一般蔬菜稍多一点。

| 食材 |

天贝 半块
食用油 适量
枫糖浆 1大勺
生抽 1大勺

| 做法 |

1 将天贝[1]切成约5毫米厚的片状。　　2 小碗中放入枫糖浆和生抽，调匀备用。

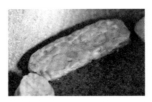 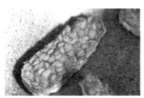

3 平底锅预热后放油，放入天贝，中小火慢煎。　　4 底部煎黄后，翻面，继续煎另一面，直到两面金黄。

5 关火，淋入步骤2的酱汁，快速摇动锅，使天贝的两面都包裹住酱汁，锅内的余温会将酱汁渗透到天贝中。取出后趁热品尝即可。

1 照片中使用的是青豆天贝，所以看起来是淡绿色的，天贝的种类有很多，如黄豆、鹰嘴豆、青豆、黑豆、三色豆等，颜色、口感和风味各有特色。

厨房常新的秘诀

如果你在家里养植物，就会发现叶子不是从秋天才开始变黄的，也不会只在秋天才落下。枯萎、凋零、出芽、新生，它们在大自然中轮回不止，生生不息。

阳台的地板扫得再干净，隔天还是会有叶子落下。那怎么办呢？继续扫呀。

不要妄想着可以一次性解决所有问题。生命中的落叶不可能一次扫完，厨房里的污垢也无法彻底清除干净。时间在流淌，每一天都是新的面貌。生命在蓬勃地生长，厨事没有边际。

在厨房里，从来不会无事可做。灰尘如落叶，来个不停。厨房的干净和整洁不能倚仗大扫除来实现，要靠日常的保养和维护。

最好的清洁，就是随时随手保洁。

扫除的魔法不是靠一句咒语就能施展的，而在于日复一日的重复。在重复的动作中，磨去你的懈怠和懒惰。在不经意间，改变着你的生活习惯，以及看待事物的角度。在光洁的厨房中，照见崭新的自己。

小苏打和柠檬酸，是我在厨房里清洁的"得力助手"。

它们既绿色环保又经济实惠，效果还优于市售的五花八门的清洁剂。像玻璃杯上的污渍、茶杯里的茶垢以及各种油污，用小苏打搓洗都能轻松去除。柠檬酸兑水放在喷壶里，刷完碗后随手用它喷几下水龙头和下水口，再擦拭干净，就能令其保持光亮。每天抽出

落叶勤清扫

　　几分钟，可以免去日后的大费周折，这样想来也是一件省心省力的妙事。

　　外在与内在犹如硬币的两面，都是我们自身真实的映照。每一个心灵受困的当下，在外在环境中总能找到一个卡点。也许是灶台上油腻的污垢，或是不再透亮的玻璃收纳罐。只要让自己动起来，心流就会通畅。当污渍随着水流走，心灵仿佛也一起变得明亮。

　　清洁操作台面的死角，将碗碟杯盘用棉纱布逐一擦亮，刷洗水槽和下水口。这些每日顺手就能做的小事，却是令厨房常新的秘诀。只要每天不停地清理，哪怕只是将一个水杯擦到闪闪发光，厨房也一定会在你的细心呵护下越来越闪耀。

柠檬椰蓉司康

　　除了购买柠檬酸，还可以用柠檬和白醋自制清洁剂。

　　做柠檬司康时，会用到一个柠檬的皮和汁，剩余的部分可以浸泡在白醋里（可额外添加柠檬皮增香）。两周后，配以清水放在喷壶里使用，和柠檬酸水有同样的效果。

　　一个新鲜的柠檬，既烤了清香宜人的司康，又制成了天然环保的清洁剂，物尽其用，着实美好。

| 食材 |

A		B	其他
低筋面粉 70克	椰蓉 10克	椰子粉 2大勺	新鲜柠檬 1个
全麦面粉 50克	葡萄籽油 2大勺	水 120克	
无铝泡打粉 4.5克	椰子油 1大勺		
糖 1大勺			

| 做法 |

1 烤箱200℃预热。用盐搓柠檬的表皮，冲洗干净，擦干水分。在料理盆中，用刨刀把柠檬皮刨成碎屑。

2 柠檬一切两半，用榨汁器挤压出柠檬汁，去除柠檬核。

3 在杯中混合B中食材，倒入步骤2的柠檬汁搅匀。

4 在步骤1的柠檬碎屑中，加入A中除了油脂外的食材，混合均匀。

5 放入葡萄籽油和椰子油（固态或液态均可），用双手将油脂和粉类搓散。

6 加入步骤3的液体，用刮刀翻拌成团，可自行调整水量。

7 将面团按平，对折，再按扁整形，分割成小块。

8 放在铺了油纸的烤盘上，上下火200℃烤15分钟即可。从中掰开，抹上喜欢的果酱，酸甜可口，即可食用。

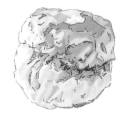

料理 Tips

整理司康面团时，不要揉它。用手指捏成团后，再轻轻按压，表面不平整也没关系。

抚平内在的焦躁

　　窗台上的波斯蕨，从中心抽出了卷曲的绿芽。深棕色的玻璃瓶中，绿萝纤长的根须在水里自由地舒展。夏日的院子里，不时传来微弱的蝉鸣声。烤箱里的黑芝麻全麦欧包正在膨胀，麦香弥漫至整个客厅。玫瑰最外层的花瓣变得褶皱，花瓶内壁蒙上了一层细密的水珠。

　　美好的瞬间，都是细碎而微小的。但这些小而美的片刻极易溜走，只有当你的心非常沉静的时候，才能觉察到。

　　在厨房里，我学到的非常重要的一课就是——让心沉静下来。

　　城市太喧嚣，安静已经变为一种额外的特殊要求。我想预定一个安静的房间，我想挑一家环境安静的餐厅，我想去一个静一些的咖啡店。如不特殊说明，喧闹已成必然。

　　如此一来，在家里吃饭似乎是最安静的选择。想独处时，可以一个人在厨房做饭，独自品尝美味。但是当你独自一人时，你就不得不去面对自己内心的嘈杂与焦躁。如何抚平它，是一个需要花时间去学习的课题。

　　在料理的过程中，如果你想让自己烦躁，那可太容易了，能引爆你情绪的事随处可见。

　　莲藕孔洞里黏着的泥土，竹笋难剥的外皮，炸失败的天妇罗，冬天很久都发不起的面团。每一个都在挑战你的耐心和平和，那要怎么办呢？做了一半就退出吗？当然不行！即便是硬着头皮，也要把这一餐做完，否则中途离场留下的残局更令人抓狂。

　　最初这可能像一场战役，胜负难以捉摸。慢慢地你发现，你似乎永远无法真

剥心剥出的新鲜核桃仁

正从战争中获胜。几秒钟的得意，根本就称不上胜利。于是，你开始屈服，不再去对抗，有了想合作的心。

有藏在缝隙里的泥土，你就小心翼翼地把它们都刷洗干净。用手剥不开的硬皮，就拿小刀划一下慢慢剥。面糊裹得太薄了，炸出来的天妇罗和日料店的不太一样，你尝了尝，觉得味道其实还不错。气温低发酵慢，于是你尝试了低温冷藏发酵的新方法，效果非常棒。

你感到焦虑和恐慌在消散，好像没有什么难题是不能解决的。而当你内心不再急躁时，新奇的想法和有效的方式都会在关键时刻浮现出来。

不安静下来，一杯混浊的水要如何沉淀呢？在一次又一次的历练中，让心静下来，方能澄澈。

椰子油盐面包

北方的冬天寒冷而干燥，面团总发酵不到位，很容易让人心急。但是自从发现了冷藏发酵的妙处之后，冬天烤面包也变得轻松起来。

揉好的面团先在室温发酵1小时，然后放在冰箱冷藏12小时，以此来替代常规的一次发酵。取出后，按照一般程序整形和二次发酵即可。

经过冷藏慢发酵的面团，即便没有揉到完全扩展的状态，内部组织也很膨松。烤成微微带点咸味的盐面包，底部酥脆，内部柔软，椰香浓郁，有一种朴实却令人思念的味道。

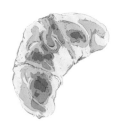

料理 Tips

做这款盐面包时可以尽情发挥创意，尝试不同口味。比如加入抹茶粉做成抹茶盐面包，或者在裹椰子油和盐的同时加入黑胡椒碎等。

| 食材 |

高筋面粉 200克　　水 适量　　　　糖 1大勺　　　椰子油 适量
全麦面粉 100克　　鲜酵母¹ 8克　　盐 少许　　　椰奶 少许

| 做法 |

1 混合面粉和糖，鲜酵母加水混合均匀，一点点加入面粉中，不同面粉的吸水量不同，水量可自行掌握，直到可以揉成不粘手的面团。

2 面团放在揉面垫上，上面撒少许盐，揉成光滑的面团后，密封醒5分钟。面团中加入少许椰子油，继续揉5~10分钟。放于室温静置1小时后，转入冰箱冷藏发酵12小时。

3 取出后回温15分钟，擀成圆形，均匀分割成8份，揉成三角形状，松弛15分钟。

4 取一个擀开，尽量擀长一些。在下端放一小块凝固的椰子油，撒少许盐。

5 从下往上卷起成羊角形，接口处捏紧。

6 放入铺了油纸的烤盘中，排列整齐。烤箱中放一碗热水，关上烤箱，让面团二次发酵约40分钟，待面团发酵至1.5倍大时取出，将烤箱预热至200℃。

7 用刷子蘸少许椰奶，均匀地刷在取出的面团表面。

8 烤箱预热完成后，将面团放入烤箱，190℃烤20分钟即可。

1 鲜酵母活性好，发酵得更快，成品口感也更松软，特别是冷藏发酵时，鲜酵母发得会更好。若没有鲜酵母，此处也可用5克酵母粉替代。

用心不二

比起按好吃与不好吃来划分食物，我更喜欢把它们分为用心做的和不用心做的。

谈到如何才能泡出一杯好喝的茶，一位老师曾这样说道："用心泡的茶，一定会好喝。"我想这句话用在做食物上，也是同样的道理。

用心做的食物必然美味。美的滋味由心而生，也需用心才能体味。不用心做出的食物即使吃起来感觉不错，却徒有其表，少了真诚与温情。

我们常说这道菜炒得真香，这块点心真好吃，大部分指的都是入口的味道和香气。但是心意呢？看不见，摸不着，只能用同样的心意去感知。

做食物的人是否花了心思？是敷衍了事还是倾尽全力？是横眉冷对还是心怀善意？敏感的人一尝便知。而不太敏感的人即使感知不到背后的心意，无形中也接收到了其中的能量，种下了相应的种子。

我一直坚定地认为，在料理食物的所有要素中，心意是基本。

心意就像是种子，食材是土壤，烹调方法是阳光、雨露和耕耘。如果种子的品质不佳，即便埋在肥沃的土壤中，细心地养护照料，辛勤地施肥，结出的果实外表看起来再光鲜，内部的营养和能量也不会饱满。

心意是料理食物的基本

　　新鲜的食材、高品质的调味料、健康的烹饪方式、优美的摆盘，都是围绕着良善的心意展开的。这些外在机缘固然重要，但是首要任务是先种下一颗好的种子。一味地舍本逐末，并不会带来最好的效果。一心一意，用心不二，纵使是寻常之味，也会具有疗愈人心的能量。

　　一行禅师的《幸福：梅村正念修习手册》，是我每隔一段时间就会拿出来温习的书。整本书散发着慈悲平和的气息，无论是否学佛习禅，都可以从中收获到正念的妙处。

　　无意识地做事，是完全不走心的，像是在梦游。我提醒自己无论走路、喝茶或是做饭，都带着觉知去做。做每一道菜时，问一问自己的心在哪里？又怀着怎样的心意对待？

　　你认为什么有价值，就会将它栽培。而你种下的种子，终有一天会结出果实。

　　愿我们在动手做所有食物之前，都能先端正自己的心念，并投入百分之百的专注在其中。这样我们才能够在自己与他人心间，播种下一颗又一颗善的种子，待其生根长叶，开花结果。

八珍素菜包

　　素菜馅做起来更加复杂，包馅时也需要更加细心，这一点经常做馅的人一定深有体会。

　　就算是利用天然的蔬菜来做馅，调配好了也可以非常美味。不同颜色、味道、口感的蔬菜交融在一起，各自贡献出自己独特的滋味，或清爽，或柔滑，或鲜美。一想到它们这么努力地将自己交付与我们，不由觉得调馅的过程应当全心全意地对待。

| 食材 |

A	B	C	D	其他
中筋面粉 300克	干香菇 4朵	鲜猴头菇 1个	老抽 1小勺	食用油 适量
酵母粉 3克	干虫草花 一小把	小油菜 6棵	生抽 1小勺	生抽 适量
水 适量	干木耳 8克	白菜心 1小个	芝麻油 少许	
		胡萝卜 1根	糖 一小撮	
		北豆腐 1/3块	盐 适量	
		生姜 1小块		

| 做法 |

1 将B中食材用温水提前泡发2小时。

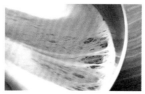

2 处理A中食材，盆中放入面粉，酵母粉和水调匀倒入面粉中。再加入适量水，一边加一边用筷子将面调成絮状，接着揉成光滑的面团，放在温暖处发酵至2倍大。

3 分步骤处理C中食材，鲜猴头菇冲洗干净，完全攥干水分，用手撕成细碎的丝状。

4 小油菜放入沸水中余烫，沥水冷却，挤出多余水分。

5 胡萝卜外皮刷洗干净，擦成细丝后切碎。锅中放油，放入胡萝卜碎中火煸炒，加少许生抽，翻炒几下后盛出。

6 北豆腐压出多余水分，用手捏碎。锅中放油，倒入豆腐碎，中小火炒至微微泛黄，加少许生抽，炒匀盛出。

7 将步骤1中泡发好的食材沥干水分，切成碎丁。生姜切末，白菜心和步骤4的小油菜切碎，一同放入料理盆中。再依次放入步骤3、5和6的食材，全部混合均匀后，加入D中调味料，顺着同一方向搅拌匀。

8 发酵好的面团分好剂子，擀皮包入馅料，冷水上锅。蒸汽上来后，蒸15分钟关火。闷5分钟后，再打开盖子即可。

料理 Tips

如果买不到鲜猴头菇，也可用干猴头菇替代。干猴头菇处理不好会有苦涩味，泡发后挤出黄水，需用小火煮15分钟，在水中清洗两遍，完全攥干水分后使用。

日日精进

最近偏爱"蒸"的智慧。

每天晚上，在厨房用竹笼屉蒸馒头或是包子，沉浸于白茫茫的水蒸气中。夜晚的厨房总是很宁静，静到只有揉压面团的簌簌声。

擀开，卷起。揉搓，收圆。

要想蒸出"肌肤光洁"的馒头，绝大部分精力要放在仔细揉面上。擀开，排气，挤出所有的气泡。重复几次，直到没有气泡破裂的声音，面团变得光滑细腻。随后把面团逐一收圆，充分醒发。

肌肤光洁的紫米馒头

生活就像揉面一样，需要全心全意地对待，马虎不得。你偷过的每一个懒，馒头都知道。只有耐得住寂寞，日复一日地勤奋练习，才能与面团建立起美好的关系。

美国作家阿伦·瓦兹曾在书里提到，他一贯对"反向努力律"着迷。"反向努力律"，也被称为"逆向定律"，比如你拼尽全力想要浮在水面上时，你会沉下去；当你一心想要沉下去时，反倒漂浮在了水上。

这让我想起了生活中发生过的种种。那些被我扔到角落里褶皱的谜团，仿佛正是这样运作的。

充分地排气后，二次发酵才会容易。向下扎根，才能向上生长。慷慨地给予，才会幸福地收获。慢慢来，比较快。破碎，才能重生。持之以恒地精进，才会看起来没有那么费力。

我们习惯于羡慕他人盛开的花朵，却忽略了其努力扎根的过程。有多少暴露在光明中，就有多少挣扎在黑暗中。借由每一个看似难熬的日子，我们渐渐了悟什么才是喜乐。

"噗——""噗——"给面团排气时，随着擀开的动作，小气泡一个个破开。忽然，在心里原谅了很多事情，又注入了很多动力。

无须羡慕别人的成就，也不要因一时的不如意而气馁。你每天把能量花在什么地方，就会持续滋养哪里。终于有一天，你突然发现将面团揉到位不再是一个难题，收口和整形似乎也变得简单，包子的褶子也提得越来越漂亮。

轻松自在的生活，从不是在懒散度日中获得的。相反，唯有每日用心辛勤地耕耘，才会有可能拥有别人眼中看似毫不费力的生活。

日日厨事，日日修持。日日精进，日日欢喜。

小米馒头

　　虽然揉面这道工序现在机器也能做到，而且比手工更快、更均匀，但是这也使我们与面团之间失去了关联。不怕麻烦，亲力亲为，才能收获意想不到的美好。

　　在揉面的过程中，会越来越了解水与粉的特性，并逐渐找到适合自己的方式。在日复一日的练习下，难题被一个个攻克。早餐时，和家人一同品尝着亲手做的馒头，香甜有嚼劲，温暖的味道为每一个人带来一整日的好心情。

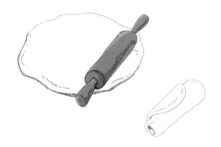

料理 Tips

擀开再卷起的步骤，和做吐司面包的手法很像。这么做可以促进面团更好地排气，使面团内部组织更绵密，蒸出的馒头表皮更光滑。

| 食材 |

中筋面粉 250克　　　　糖 1小勺

小米面 60克　　　　　　水 适量

酵母粉 3克

| 做法 |

1 在料理盆中，将面粉和小米面混合均匀。

2 酵母粉、糖和水调匀，逐量加入步骤1的面粉中。水量可自行调整，先用筷子搅成絮状，再加水至可以成团。

3 将面团稍微揉一下，密封好，醒10分钟。继续揉至面团光滑，置于温暖处（25~28℃）发酵至面团接近2倍大。

4 分割成均匀的剂子，放入密封盒中保湿。

5 取出一个剂子，用擀面杖纵向擀开，从下向上卷起。

6 转一个方向，继续沿纵向擀开，再次卷起。

7 这样重复3~5次使面团充分排气，之后整形成团，放于笼屉中。

8 蒸锅中放入温热（30~35℃）的水，放上笼屉，让面团进行二次发酵。观察馒头的状态，当体积变大，重量变轻，用手轻按馒头表面，如果回弹很快就是发好了。

9 冷水上锅，蒸汽上来后蒸15分钟。关火闷5分钟后，打开盖子取出即可。

制心一处

大小不一的白胶布，深深浅浅的凹痕，岁月无言，常以印记为证。面对着一把母亲弹了三十余年的老琵琶，一时百感交集。

扫弦把面板磕得凹了进去，推拉弦将品磨出了凹槽，在伤痕处贴上胶布继续弹奏。我在想，这要经历多少个日夜反复孤独地苦练呢？

没有信念，不去坚持，什么也成就不了。摒除杂念，一门心思钻进去，总能收获你想要的。

"伟大的发明创造和艺术作品，都是独自在专注的状态下完成的。"母亲说道。在厨房，也是如此。要把心思放在一处，要耐得住寂寞，要反复尝试，要越挫越勇。

蛋糕烤失败了，面团总是发酵不理想，面包总是整不好形，怎么办呢？以后就不再做了吗？当然不行。太散漫，太容易气馁，太由着性子来，无法获得你想要的美味。每一个环节都要用心推敲，吸取教训，总结经验，不断调试。

如果面包烤不松软，就换成做蛋糕。蛋糕做得不好吃就去烤饼干，饼干烤不酥脆就去擀面条。面条擀不筋道就去烙饼，饼也烙不香干脆就地罢工。到头来在厨房一事无成，心情只会更加沮丧。与其这样东一榔头西一棒子，不如沉下心来好好研究一下面团的基础知识。

无论是面包还是面条，归根结底是水与面粉的艺术。

多在面团上下功夫，学习不同种类面团的处理方法，反复练习揉面和整形的技巧，逐渐就能够摸索出一套适合自己的方法。就如同刚开始学习弹琴，如果一上来就弹各种曲子，往往不得章法一塌糊涂。要从乐理、音阶和基本指法开始循序渐进地学习和练习，把基本功练扎实，那么后面弹奏乐曲就是水到渠成了。

在禅宗中，有三昧一说。三昧，指全心全意地修行，摒除一切杂念，身心无碍，达到身形合一的境界。如果应用到日常工作和生活中，也能给我们带来启发。一心一意，一门深入，制心一处。无论是切菜还是装盘，将身体和心灵毫无保留地投入当下的每一个动作中，不去思前想后。

过去的失败与荣耀都不再重要，未来的设想也遥不可及，不如抓住此刻，留意手下。

静下心来·反复练习

鲜核桃仁拌菠菜

每年的七八月，新鲜的核桃悄然上市。青翠的果皮里，藏着一个个初生的核桃。夹开浅棕色的核桃壳，再剥去薄衣，就能看见如婴儿般白嫩的桃仁。

鲜核桃最好买带青皮的，果仁更新鲜。

但是，从去除青皮，再到剥掉外层的薄衣，无一不在挑战着人的专注力和耐心。每一个步骤都需要自己在实践中摸索方法，制心一处，方能品尝到鲜核桃的脆嫩清甜。

| 食材 |

A

鲜核桃 3个
菠菜苗 一把

B

果醋 2小勺
糖 1/2小勺
生抽 1小勺
芝麻油 1小勺
盐 适量

其他

熟白芝麻 少许

| 做法 |

1 分步骤处理A中食材，用小刀在鲜核桃最外层的青皮上划一圈，放在通风处晾一两天。青皮的汁液沾到手上会留下黑色的印记，很多天才能褪去，所以最好戴上手套操作。

2 之后用刀在青皮的划口处轻轻撬动，就能轻松去除，露出带有棕色外壳的鲜核桃。用核桃夹轻轻夹一圈，剥出核桃仁。

3 小心地撕去核桃仁最外层的薄衣（薄衣可不去除，但会留有轻微苦涩），露出乳白色的核桃仁，放一旁备用。

4 菠菜苗洗净，放入烧开的水中略微氽烫一下，捞出沥水，摊开放凉。用手轻柔地挤出水分，再用厨房纸巾吸拭多余的水分。

5 菠菜切成一口大小，和剥好的鲜核桃仁一起放入碗中，放入B中的调料拌匀，最后撒上熟白芝麻点缀即可。

料理 Tips

加入了鲜核桃仁的小菜，口味清新。用柔和的果醋替代陈醋，可以使整体味道更加清爽。

善护念

七年前，也是在这样的冬日夜晚，我开始深深地扎进厨房里，与菜食为伴，踏上了静默美好的天然生活之旅。

时间是一块试金石。心理学家说，对一个人或一件事物的好感最多存在四个月。一旦超过这个时间，那多半就不是一时兴起，而是出于爱。那若是超过了七年，而且一直葆有最初的热情和欢喜呢？我想那一定是真心使然吧。

既然是真挚的热爱，就不会厌倦。每一天都是新的，每一次踏进厨房都满怀期待。

当我们对内心真正热爱之事确认无误后，余下的日子里，需要时时提醒自己勿忘初心。遇到困难时，问一下自己当初为什么出发？要去往何处？又为什么会选择眼前这条道路？

《金刚经》云："如来善护念诸菩萨，善护嘱诸菩萨。如今谛听，当为汝说。"[1]佛陀用"善护念"三个字来教导众生。日复一日，时时刻刻，要用心守护好当下这颗心，如莲花般不被淤泥所染，念念清明。

南怀瑾老先生曾说，《金刚经》的核心内容就是在讲"善护念"。世间一切修行的方法都在这三个字里面。

"念"字拆开来看是"今"和"心"，即当下这颗心。

每一颗初心在形成时，都如婴儿般纯洁明澈，心无染着。可为何走到后半程却变了最初的面貌呢？甚至连为何出发都无法忆起。

---

1 摘自《金刚经》，中州古籍出版社2007年版，［后秦］鸠摩罗什译，田茂志注释。

愿初心如莲花般清净无染

心念极易随风飘动。我们需要像呵护娇嫩的幼苗一样，好好地守护纯净的发心和良善的愿心。时时觉察，令心念稳固不动摇，坚定不退转。

"还记得你最初为什么食素吗？"最近我时常问自己。因为我发现当你在路上走得越来越远时，就会忘了来时的路，启程的地方也会变得模糊，就像一株努力向阳生长的向日葵，随着它的枝干越来越苗壮，叶片日益舒展，它一心想要开花，渐渐地遗忘了最初它是一粒种子时的样貌。

"人生若只如初见。"如果凡事都能像初次见面时那般欢喜，如果每一次的起心动念都能如初发心时那样坚定，该有多么美好。

每一次品茶，都像第一次喝到时一样去欣赏它。每一次焖米饭，都怀着第一次学会焖饭时欣喜的心情。每一次泡豆子，都如第一次见到它们一般好奇和怜爱。

眼前的茶饭，无一不带着巨大的恩典奔向我们。每一分钟，生命都在以各种方式拥抱你。正如弘一法师与丰子恺先生书画的《护生画集》中劝诫世人的那样：护生即护心。善待生命就是呵护我们的本心，而守护好这颗心，方能不负生命。

梅香芸豆

　　很喜欢一家素食馆餐前赠送的开胃小食——话梅白芸豆，回来后就想自己尝试做做看。可超市里成袋的话梅中，添加剂多得令人望而却步。突然灵光一现，不如用暮春时酿的黑糖梅子露来做吧！

　　洁白的芸豆在褐色的梅子露中长时间熬煮浸泡，慢慢转为淡淡的棕黄色。我们的心念，也好似泡在梅汁中的芸豆一般，极易被外境染着。如果受到浸染是必然，那么就让我们在良善的环境中不断熏习，让善念生生不息。

| 食材 |

大白芸豆 150克

黑糖梅子露（见P156） 50克

黑糖梅子（见P156） 3颗

糖 1大勺

盐 一小撮

水 适量

| 做法 |

1 白芸豆洗净，加入足量的清水，浸泡一夜。

2 豆子沥干水分放入锅中，倒入黑糖梅子露汁液、糖和盐，再放入几颗黑糖梅子。加入没过豆子的水，加盖煮开。

3 转小火继续煮，锅盖露一道缝隙，以免溢锅。其间需搅拌，可中途再补一些水。

4 待豆子煮软后，关火，闷至自然冷却。

5 连同豆子和剩余的汤水一同放入密封盒中，冰箱冷藏12小时，令其充分入味。食用前，提前取出回温即可。冷藏保存的芸豆，尽量在三日内吃完。

料理 Tips

浸泡大颗的白芸豆时，水量一定要充足，水位至少高于豆子表面5厘米。不然露出水面的白芸豆，表皮会发皱。

后 记

拥抱生活的美好

我是子系，是本书的插画作者，也是林间的另一半。

为了能更好地创作食物插画，平日里我会花大量的时间在厨房，仔细观察所画食物的每一个细节。从食物被拿出来的那一刻，便开始观察它的静态特征。把面团放在手心体会柔软的感觉，剥开核桃外壳观察果仁的结构，研究圆白菜切面的纹理。

林间在厨房做食物时，有时我会帮忙，比如剥蚕豆、挑青梅蒂、捣味噌等。有时我只是在一旁静静地看着，观察每一道菜烹调时的动态变化。闭眼倾听声音，观察外形和颜色细微的变化，把鼻子凑过去闻它们的香气，最后再认真品尝。

在绘画这些天然食物的过程中，我学会了一个有趣的方法。我把它称为——"食物化"，即将自己想象成所画之物。把自己想象成蹦蹦跳跳的坚果、鲜嫩香甜的豌豆，或是热气腾腾的煮物。每当这样观想的时候，仿佛我也拥有了这些食物的属性和特征，以及它们的内在能量和精神。

"食物化"给我带来了许多改变。它让我慢了下来，耐心而专注。让我开始变得包容，放下内心的对立。也使我更加有自信，内心充满力量。

做糙米饭需要提前浸泡一夜，做葡萄干酵母需要五天，做梅子露需要等待三个月，做味噌则需要一年之久。一笔一笔画出它们的时候，我感觉这些食物就像一个个耐心的长者，让我浮躁的心逐渐平静下来。人在安静下来后，会进行自我思考，重新审视自我与周围事物的联系，以及与社会和自然的关系。

食物本身具有很多属性。柔软如膨松的馒头，欢快如嫩绿的豌豆，清爽如晶莹的萝卜，坚毅如粗糙的核桃，厚朴如沉淀的南瓜，通透如灵妙的佛手。丑果味美，嫩芽内刚，向食物学习，包容自己的同时，给他人带去祝福。

浮华的标签会使人焦虑，久而久之就变得自卑，忽略本身的美好。其实食物就像万千事物的一个缩影，本身不存在任何问题，人也一样。每个人出生就仿佛是一粒种子，有的是往上长，有的是往下长，充满自信做好自己就好。

人心是个奇妙的东西，时而焦虑时而坚定，时而迷茫时而领悟。而用更高维的视角和更长久的周期来看，改变会经历波动是必然的，这恰恰是一个人心境向好的转换标志。道理虽简但真正做到确有难度，有时候需要来自外部的力量。

每个食物都有优秀的品质和丰富的生长经历，是你可以信赖的良师益友，包容你，接受你，同你分享快乐，陪你走出低谷。

希望你可以与自然中的食物成为朋友，获得心灵上的宁静，活在当下，拥抱生活的美好。

子系

图书在版编目（CIP）数据

你的心事，食物都知道 / 林间著；子系绘. — 北京：中国轻工业出版社，2024.3

ISBN 978-7-5184-4621-6

Ⅰ.①你… Ⅱ.①林… ②子… Ⅲ.①饮食—文化 Ⅳ.① TS971.2

中国国家版本馆 CIP 数据核字（2024）第 018630 号

责任编辑：王晓琛　　　责任终审：劳国强　　　　　封面设计：董　雪
版式设计：锋尚设计　　　责任校对：朱　慧　朱燕春　责任监印：张京华

出版发行：中国轻工业出版社（北京鲁谷东街5号，邮编：100040）

印　　刷：北京博海升彩色印刷有限公司

经　　销：各地新华书店

版　　次：2024年3月第1版第1次印刷

开　　本：710×1000　1/16　印张：13

字　　数：200千字

书　　号：ISBN 978-7-5184-4621-6　定价：78.00元

邮购电话：010-85119873

发行电话：010-85119832　010-85119912

网　　址：http://www.chlip.com.cn

Email：club@chlip.com.cn